약은 우리 몸에 어떤 작용을 하는가

'KUSURI WA KARADA NI NANI O SURUKA'
by and edited by Yazawa Science Office
⟨ISBN-13:978-47741-2859-7⟩
Copyright © 2006 Yazawa Science Office.
All rights reserved.
Original Japanese edition published by Gijyutsu-Hyoron Co., Ltd.

This Korean edition published by arrangement with Gijyutsu-Hyoron Co., Ltd.,
Tokyo in care of Tuttle-Mori Agency, Inc., Tokyo through Yu Ri Jang Literary Agency, Seoul.

약에 대한 잘못된 상식을 바꾼다!

약은
우리 몸에
어떤 작용을
하는가

야자와 사이언스오피스 편저 | **이동희** 옮김

전나무숲

약은 건강한 생활을 영위하고 질병에 걸렸을 때 가능한 한 빨리 치유하기 위해 꼭 필요한 물질이다. 그러나 현재 전 세계 각국에서는 몇 만 종이나 되는 약이 처방되고 있고, 약의 성분이나 작용 메커니즘도 약의 종류에 따라 다르기 때문에 우리들이 약의 성질을 이해하는 일은 결코 쉽지 않다.

약의 성분은 거의 대부분이 화학물질이며, 이들 물질이 몸속에 들어오면 세포에 작용해 병이 치유되도록 돕는다. 그러나 그 작용이 적절하지 않을 경우에는 다양한 부작용을 초래하기도 한다. 이 때문에 많은 사람들이 약에 대해 막연한 불안감을 품고, 필요할 때조차도 약의 사용을 꺼려 병의 회복이 더뎌지고, 심지어 증상을 악화시키는 일까지 발생한다.

이 책에서는 우리 생활 속에서 쉽게 볼 수 있는 대표적인 약 십수 종을 들어 이들 약이 어떤 성분으로 구성되어 있고, 우리 몸에 어떤 작용을 해 병을 고치는지를 에피소드, 부작용 등과 함께 상세하게 설명하고 있다. 이 책을 통해 우리들의 생명, 건강과 불가분의 관계인 최신 약에 대한 일반인의 이해가 조금이라도 깊어지기를 바라는 마음이다.

_ 편집자

PART 1

항우울제

기분을 고양시켜 긍정적인 마음을
낳게 하는 마법의 약?

1-1

항우울제

감정의 기복은
세로토닌 분비량의
차이 때문이다

우울증은 누구나 걸릴 수 있는 현대병이다

우울증이 아주 심해졌을 경우, 환자의 마지막 선택은 스스로 죽음을 택하는 자살에 이른다. 정신적으로 우울한 상태를 그대로 방치하면 비록 육체적인 병에 걸린 것은 아니지만, 마침내 자신의 인생에 종지부를 찍게 된다.

우울증은 누구나 걸릴 수 있는 현대의 가장 대표적인 정신병이라고 할 수 있다. 자신은 늘 활력이 넘치는 사람이라든가, 정신상태가 언제나 안정돼 있다고 생각하는 사람이라도 언제 우울증이라는 심각한 정신병이 발병할지 아무도 알 수가 없다.

지금의 자신을 되돌아보았을 때, 요즘 들어 감정의 기복이 없고, 기분이 울적하다거나, 마치 검은 커튼이 머리 위에 드리워져 있는 듯 느껴진다면, 이는 이미 우울 증상을 나타내고 있다고 볼 수 있다. 이런 증상이 더욱 진전돼 외부 세계에서 일어나는 사건에 관심이 적어지고, 다른 사람들이 모두 어리석게만 느껴지며, 보고 듣는 것에 어떤 의미나 가치도 없다고 여겨진다면, 이미 우울증으로 향하는 열차의 티켓을 손에 넣은 것이나 진배없다(다음 페이지에 제시된 20항목의 간단한 질문에 스스로 답해 본다면, 우울증 자가진단이 가능하다).

이 정신질환*은 오늘날에는 어떤 성격이나 기질의 사람도 걸릴 수 있는 아주 일반적인 마음의 병으로 보고 있다. 사실 우울증에 걸린 사람의 수는 나머지 모든 정신질환의 환자 수를 크게 웃돌고 있다. 미국에서는 우울증 환자에 대한 자세한 통계가 공표되고 있는데, 이에 따르면 남성의 12%, 여성의 20%가 일생에 한번 본격적인 우울증에 걸리며, 10% 이상은 일생에 두 번 이상 발병한다고 한다.

최근 일본에서도 우울증에 걸린 사람들이 급증하고 있는데, 그 수는 15명 중 1명 정도로 추정된

* **정신질환**
우울증은 정신질환 중 하나로, 세계보건기구(WHO)의 'IDC 분석'에 따르면 조증, 조울증 등과 함께 기분장애로 분류된다. 그 밖의 정신질환에는 정신분열증이나 치매, 약물에 의한 정신·행동장애 등이 있다.

▪▪ 우울증 자가진단

항목	거의 없다	때때로 그렇다	자주 그렇다	대부분 그렇다
1. 기분이 가라앉고 우울하다	1	2	3	4
2. 아침에 제일 기분이 좋다	4	3	2	1
3. 울거나 울고 싶어진다	1	2	3	4
4. 밤에 숙면을 취하지 못한다	1	2	3	4
5. 식욕은 항상 있는 편이다	4	3	2	1
6. 이성에 관심이 있다	4	3	2	1
7. 야위어간다	1	2	3	4
8. 변비가 있다	1	2	3	4
9. 심장이 두근거린다	1	2	3	4
10. 오전에 쉽게 피로해진다	1	2	3	4
11. 생각이 잘 정리된다	4	3	2	1
12. 무슨 일이든 쉽게 할 수 있다	4	3	2	1
13. 초조해서 가만히 있지 못한다	1	2	3	4
14. 미래에 대한 희망이 있다	4	3	2	1
15. 평상시보다 마음이 초조하다	1	2	3	4
16. 마음 편하게 결정할 수 있다	4	3	2	1
17. 자신은 남에게 도움이 되는 사람이라고 생각한다	4	3	2	1
18. 매우 충실한 인생을 보내고 있다	4	3	2	1
19. 내가 죽으면 다른 사람에게 좋을 것이라고 생각한다	1	2	3	4
20. 일상생활에 만족한다	4	3	2	1

● 위의 진단검사는 다음의 계산 방법으로 평가한다.

합계점÷80(최대 합계점)×100

또는 합계점×1.25

 평가 49점 이하 : 정상

50~59점 : 가벼운 우울 상태

60~69점 : 중간 정도의 우울 상태

70점 이상 : 심한 우울 상태(우울증)

*자료 : William Zung, Arch Gen Psychiatry

다. 이 비율을 단순한 인구 비례로 따지면, 800만 명 이상이 우울증에 시달리고 있다고 볼 수 있다. 이는 곧 우리 주변의 가까운 사람들 중에서 몇 사람인가 우울 증상을 보이는 사람이 있다는 말이며, 그 사람이 어쩌면 나 자신일지도 모른다.

우울증의 원인은 '세로토닌' 부족이다

과거에 우울증은 다른 정신질환과 마찬가지로 유전적 요인으로 인해 발병하는 것으로 여겨져 왔다. 그래서 가족 중에 그러한 경향이 있는 사람은 우울증에 걸릴 확률이 높다고 간주되었다.

그러나 1950년대 초반 미국에서는 우울증이 유전, 즉 선천적인 체질이나 기질에 의한 것이 아니며, 또 환경에 의한 스트레스가 원인이 되어 걸리는 병도 아니라는 주장이 제기되었다. 그 대신 우울증의 정체를 뇌의 신경생리학적 질병이라고 보았다. 이 같은 주장이 제기된 계기는 바로 수많은 고혈압 환자와 결핵 환자가 보인 어떤 두드러진 증상 때문이었다. 치료를 위해 오랜 기간 혈압강하제를 복용하고 있던 환자가 심한 우울증에 걸리거나, 결핵 치료제를 사용한 환자의 우울 증상이 가벼워졌다는 사례가 수많은 의료기관에서 보고되었던 것이다.

이에 따라 혈압강하제나 결핵 치료제에 들어 있는 성분이 뇌에 작용해 우울 증상을 초래하거나, 반대로 우울 증상을 개선하는 것으로 보는 주장이 강하게 제기되었다. 이때 우울증의 원인물질로 떠오른 것이 '모노아민류(monoamine類)'였다. 왜냐하면 혈압강하제가 뇌내의 모노아민을 감소시키고, 결핵 치료제는 모노아민의 분해를 막는 작용을 한다는 사실이 밝혀졌기 때문이다.

따라서 우울증은 뇌내 모노아민류가 감소하면 발병한다는 학설이 제기되었고, 이후 이 학설을 '모노아민 학설'이라고 부르며 전문가들 사이에서도 우울증에 걸리는 메커니즘을 설명하는 학설로 정착되었다.

아민은 암모니아와 비슷한 아미노기(基)를 가진 화합물로 여러 종류가 있다. 그중에서도 뇌내 정보 전달 물질인 하나(모노)의 아미노기를 가진 화합물을 모노아민이라고 부른다. 모노아민에도 여러 종류가 있기 때문에 당시 연구자들은 어떤 것이 우울증을 일으키는 주범인지 알아내기 위해 동물실험에 매달렸다. 그리고 마침내 밝혀진 물질이 세로토닌(serotonin)과 노르아드레날린(noradrenaline, 노르에피네프린이라고도

▪▪ 우울증을 일으키는 약

혈압강하제	레세르핀(reserpine), 알파 메틸도파(alpa methyldopa)
파킨슨병 치료제	L-도파(dopa), 애먼타딘(amantadine)
간질 치료제	페노바르비탈(phenobarbital), 세코바르비탈(secobarbital)
호르몬제	프레드니솔론(prednisolone)
통증완화제	모르핀(morphine), 코데인(codeine)
면역조정제	인터페론(interferon)
여드름 치료제	아이소트레티노인(isotretinoin, 일본 미승인)

한다)이었다.

　이들 물질은 뇌 신경세포인 뉴런(neuron)끼리 접속하고 있는 부위(시냅스)의 좁은 틈새에서, 한쪽에서 보내고 다른 쪽에서 이를 받아들이는 방식으로 뇌가 보내는 정보를 전달한다. 만일 이들 물질의 방출량이 부족하거나 또는 일단 방출된 물질이 원래의 신경세포에 재흡수된 탓에 부족해져 우울증에 걸렸다면, 단순한 논리로 봤을 때 이들 물질을 외부에서 충분히 공급할 수 있다면 우울증은 치유될 것이다.

세로토닌이 부족하면 왜 우울증에 걸릴까

　1950년대 말에는 최초의 우울증 치료제로 '삼환계(三環系) 항우울제'가 속속 합성되어 제품화되었다. 여기서 삼환계란 분자 구조 안에 3개의 환형(고리 모양) 구조가 들어 있다는 의미다. 실제로 이들 항우울제는 뇌내의 세로토닌 작용을 향상시킨다는 사실이 확인되어 치료에 이용되었다.

　세로토닌은 체내에서는 합성되지 않는 필수 아미노산 중 하나인 트립토판이 뇌내에서 대사될 때 생성되는 물질로, '기적의 약'이라고 부르며 우리들의 몸과 마음에 광범위한 영향을 끼친다. 최근에 와서는 뇌내 세로토닌의 양이 증가하거나 감소하면 식욕이나 수면, 기억, 체온 조절, 기분, 행동, 심장혈관의 활동, 근육이나 혈관의 수축, 내분비선의 활동

■■ 삼환계의 구조

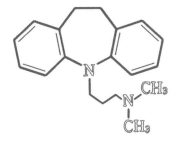

약의 분자 구조에 3개의 환형 구조가
들어 있다. 이 구조가 4개 있는 것은
사환계라고 부른다.

■■ 트립토판의 대사과정

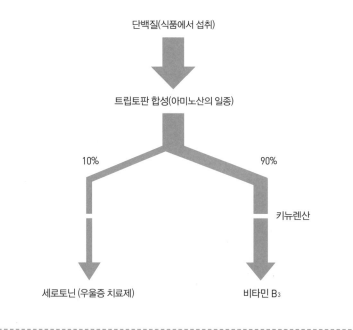

단백질(식품에서 섭취)

트립토판 합성(아미노산의 일종)

10%

90%

키뉴렌산

세로토닌 (우울증 치료제)

비타민 B₃

등이 영향을 받고, 우울증과도 깊은 관련이 있다는 사실이 밝혀졌다.

　또한 세로토닌은 뇌의 신경세포인 뉴런에서 방출되면, 시냅스의 간극을 거쳐 이웃한 신경세포의 수용체(receptor)에 흡수된다. 이에 따라 정보가 하나의 신경세포에서 다른 신경세포로 전달된다. 그러나 방출된 세로토닌이 모두 이웃한 신경세포의 수용체에 흡수되는 것은 아니며, 상당한 양의 세로토닌이 원래의 신경세포 수용체에 '재흡수'돼 버린다. 이때 만일 재흡수가 비정상적으로 많이 일어나게 되면 세로토닌이 부족해지고, 이런 상태가 몸과 마음의 기능에 다양한 영향을 미치게 되는 것이다.

　참고로, 마약의 일종인 LSD는 그 구조가 세로토닌과 아주 흡사하기 때문에 LSD가 뇌내에 들어오면 신경세포 수용체는 LSD를 세로토닌으로 착각하고 흡수해 버린다. 이렇게 되면 세로토닌의 정상적인 정보가 전달되지 않기 때문에 뇌가 정보의 혼란을 일으켜 현실세계와는 동떨어진 환각적인 색채나 강한 환각을 보는 등의 증상이 나타난다.

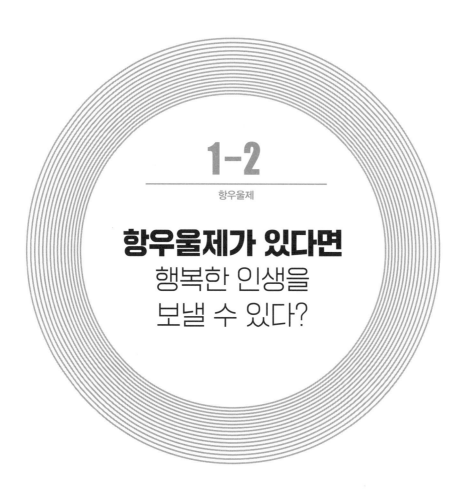

1-2

항우울제

항우울제가 있다면
행복한 인생을
보낼 수 있다?

삼환계 항우울제의 작용 원리

삼환계 항우울제의 작용 원리는 세로토닌을 재흡수하는 수용체를 막아 재흡수가 일어나지 않도록 하는 것이다. 이렇게 되면 방출된 세로토닌의 대부분이 이웃한 신경세포 수용체에 전해져 정보가 정체되는 일 없이 전달된다. 삼환계 항우울제는 아나프라닐(Anafranil), 토프라닐

(Tofranil), 이미돌(Imidol) 등과 같은 제품명으로 널리 이용되었다.

그러나 삼환계 항우울제는 문제점도 있었다. 복용을 해도 금방 약효가 나타나지 않아 매일 복용한다 해도 2~3주를 기다려야 하고, 세로토닌 이외의 신경전달물질의 재흡수를 방해하는 경우도 생기는 등 다양한 부작용*이 나타났다. 또 다량 복용하면 급성 중독을 일으켜 때로는 환자가 사망하는 경우까지 발생했다. 때문에 자살할 목적으로 이 약을 이용하는 경우도 적지 않았다.

그 후 이 같은 결점을 개선한 사환계 항우울제가 등장했다. 지금도 사환계 항우울제는 널리 이용되고 있지만, 그렇다고 삼환계 항우울제의 문제점이 완전히 해결된 것은 아니다.

> **＊ 삼환계 항우울제의 부작용**
> 현기증이나 갑자기 일어섰을 때 나타나는 어지럼증, 졸음, 입마름증, 변비 등이 있다. 그 밖에 주의력 저하나 배뇨장애, 시력장애가 나타나는 경우도 있다. 이들 부작용은 복용을 시작한 직후에 가장 심하며 차차 사라진다. 삼환계 항우울제는 약효가 나타날 때까지 어느 정도 시간이 걸린다.

마법의 약으로 큰 인기를 모은 프로작

이런 삼환계 항우울제의 문제점을 해결하기 위해 1980년대 말에 새롭게 등장한 것이 바로 세로토닌의 재흡수만을 방해하는 새로운 항우울제였다. 이 항우울제를 '선택적 세로토닌 재흡수 차단제' 또는 그 영어명인 'selective serotonin reuptake inhibitors'의 머리글자를 따서 'SSRI'라고 부른다. SSRI는 등장한 지 얼마 되지 않아 탁월한 우울증

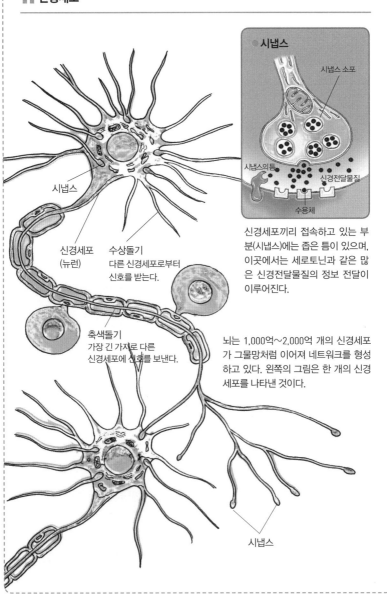

∷ 신경세포

● 시냅스

시냅스 소포

시냅스의틈

신경전달물질

수용체

시냅스

신경세포
(뉴런)

수상돌기
다른 신경세포로부터
신호를 받는다.

축색돌기
가장 긴 가지로 다른
신경세포에 신호를 보낸다.

신경세포끼리 접속하고 있는 부
분(시냅스)에는 좁은 틈이 있으며,
이곳에서는 세로토닌과 같은 많
은 신경전달물질의 정보 전달이
이루어진다.

뇌는 1,000억~2,000억 개의 신경세포
가 그물망처럼 이어져 네트워크를 형성
하고 있다. 왼쪽의 그림은 한 개의 신경
세포를 나타낸 것이다.

시냅스

치료제로서뿐만 아니라 정신 작용에 미치는 놀라운 효과로 인해, 특히 미국 내에서 일종의 커다란 사회현상을 불러일으켰다.

SSRI 중 가장 유명한 약은 1980년대 말에 미국의 일라이릴리(Eli Lilly) 제약회사가 출시한 '프로작(Prozac)'이다. 일라이릴리사는 전 세계에서 우울 증상의 치료를 위해 프로작을 복용한 사람이 2005년까지 5,000만 명에 이른다고 발표했다.

이처럼 프로작이 전 세계적으로 널리 알려지게 된 가장 큰 이유는 아마 우울증 환자의 치료제로서보다는 건강한 사람들 중 상당수가 이 약을 복용했기 때문인 것으로 보인다. 사람들은 이 약을 먹으면 기분이 좋아지고 활력이 넘치며 쾌활해진다고 여겼다. 예를 들어, 지금부터 중요한 거래를 시작해야 하는 비즈니스맨이나 많은 사람들 앞에서 강연을 할 때 곧잘 긴장하는 사람, 또는 여성과 첫 데이트를 하게 된 소심한 남성 등이 집을 나서기 전에 이 약을 복용하면 밝고 자신감이 넘치게 된다는 것이다. 이렇듯 프로작은 질병을 치료하는 약이라기보다는 적극적이고 건강한 일상생활을 보내고 인생에서 성공하기 위한 마법의 약이나 가정상비약으로 자리매김하게 되었다.

프로작의 부차적 효과와 부작용

프로작의 성분은 염산(鹽酸)플루옥세틴(fluoxetine)이다. 이 물질은 오랫동안 항우울제로 사용되어 온 삼환계나 사환계의 약물과는 화학구조가 달라 세로토닌 또는 노르아드레날린(노르에피네프린)의 재흡수만을 아주 강력하게 저해한다는 사실이 확인되었다. 이 같은 특징 때문에 우울 증상을 완화시키는 한편, 세로토닌이나 노르아드레날린이 원인이 돼 발생하는 것으로 보이는 강박성 장애(강박신경증)나 과식증, 패닉 장애 등의 증상을 억제하는 효과가 있다고 여겨진다.

또한 프로작은 기존의 항우울제와는 달리 세로토닌 이외의 신경전달물질에는 작용하지 않아 그만큼 부작용이 적은 점도 폭발적인 인기를 모은 요인인 듯하다.

그러나 프로작에도 부작용은 있다. 약의 부작용으로 흔히 볼 수 있는 두통이나 구역질, 성적(性的) 불능, 식욕부진, 불안감, 불면, 입마름증, 현기증, 설사 등의 증상은 놀랍게도 나타나지 않았지만, 문제는 이처럼 흔한 약의 부작용 이외에 애초에 예상치도 못했던 부작용이다. 예를 들어, 이 약을 건강한 사람이 복용하면 지금까지 내성적이고 조용한 성격이었던 사람이 부자연스러울 정도로 적극적이고 활발한 표정이나 행동을 보이며, 일종의 흥분상태 또는 조(躁) 상태*가 되어 스스로를 통제할 수 없게 된다는 점이다.

＊ 조 상태(조증)
우울증과는 반대로 다행감(多幸感)이나 기분의 고양 등을 보이는 것이 특징이다. 정서가 불안정하고 스스로를 억제하지 못하며, 언동이 자기중심적이 되는 증상도 나타난다. 조(躁) 상태와 울(鬱) 상태가 교대로 나타나는 사람도 있다.

또한 반대로 우울 증상을 억제하지 못해 강한 자살 충동을 일으켜 실제로 자살한 사람이 나타났다는 보고도 있다. 이 때문에 미국에서는 '인격의 변화'를 일으키는 이들 약물에 반대하는 사람들이 몇 번

▪▪ SSRI(항우울제)의 작용 원리

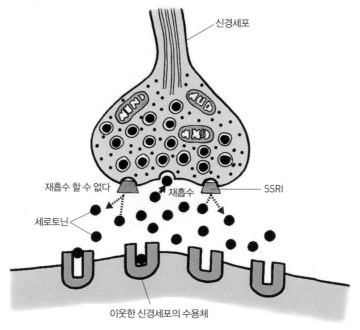

신경세포

재흡수 할 수 없다

재흡수

SSRI

세로토닌

이웃한 신경세포의 수용체

SSRI는 우울증의 원인인 세로토닌의 부족을 해소해 주는 약이다. 우울증에 걸리는 원인 중 하나는 세로토닌이 이웃한 신경세포에 흡수되지 않고 원래의 신경세포로 재흡수된다는 점인데, SSRI는 이런 재흡수를 막아 우울 증상을 개선해 준다.

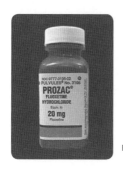

미국에서 항우울제로 널리 사용되고 있는 프로작.

이나 소송을 제기하는 사태도 발생했다.

자살 충동과 같은 위험한 부작용과 관련해서는 최근에 새로운 문제도 제기되고 있다. 미국의 한 의학 잡지가 1988년에 프로작을 개발한 제약회사의 내부 자료를 입수해 조사해 보았더니, 이미 임상시험 단계에서 이 약의 자살 충동 등과 같은 부작용을 알고 있었다는 점이 기록돼 있었다는 것이다. 그러나 이 기업은 의약품을 승인하는 기관인 FDA(미국식품의약국)에 이 자료를 제출하지 않았다고 한다. 당시 이 약의 승인 작업에 관여한 평가위원 중 한 사람은 한 인터뷰에서 "우리들은 그 자료를 보지 못했다. 만일 그 사실을 알았더라면 나는 약의 안전성에 대해 다른 판단을 내렸을 것이다. 실제로 발생하는 부작용은 당시 우리들이 상정했던 수준을 웃돌았기 때문이다"라고 답변했다.

그러나 이 같은 문제점이 있는데도 새로운 항우울제에 대한 사람들의 관심은 조금도 수그러들 줄 모르는 듯하다.

'행복한 인생'을 살게 해줄 더 강력한 약의 개발

프로작은 1993년에 미국의 유명 주간지 〈뉴스위크〉의 표지를 장식하고, 과학 잡지는 그 작용 원리를 해설했으며, 신문이나 잡지에는 프로작 광고가 연이어 게재되었다. 적어도 많은 미국인들에게 프로작은 비아그라와 마찬가지로 '행복한 인생'을 영위하기 위해 꼭 필요한 약으로 자리매김한 듯 보인다.

프로작의 등장으로부터 6년이 지난 1993년에는 SSRI를 개선한 약도 개발되었다. 이 약은 세로토닌과 마찬가지로 우울증과 관련된 것으로 보이는 신경전달물질인 노르아드레날린의 재흡수도 동시에 차단한다는 점에서 '선택적 세로토닌·노르아드레날린 재흡수 차단제(SNRI)'라고 부른다. SNRI는 미국의 와이어스 제약회사가 최초로 개발한 것으로 에펙소르(Effexor, 약품명 염산벤라팍신)라는 이름이 붙여졌다.

분명 SSRI나 SNRI는 삼환계나 사환계 항우울제보다 효과가 탁월하다. 그러나 구미에서는 둘 다 자살 심리를 낳게 할 위험성이 있다는 점이 문제점으로 지적되고 있다. 특히 영국 약품 및 건강상품규제국(MHRA)은 2004년 12월에 SNRI에 의한 사망률이 SSRI보다 높다고 경고한 바 있다. 따라서 이들 약품을 사용할 때는 좀 더 신중을 기할 필요가 있다.

우울증의 생리적·생물학적 메커니즘은 아직 완전하게 규명되지 않았다. 과거에 믿어 왔던 것처럼 우울증은 가족력(유전성)과 관련되어 있다는 연구자, 또는 일종의 호르몬 분비와 깊은 관련이 있다고 믿는 연구자들도 있다.

그러나 탁월한 효능의 약을 개발하려면 우선 치료 대상인 병의 원인과 메커니즘을 충분히 밝혀내야 한다. 건강했던 사람이 갑자기 우울 증상을 일으키고 점차 자살하고픈 심리로 발전해간다는 생리학적 과정을 완전하게 해명할 수 있을 때까지, 항우울제에는 늘 석연찮은 이미지가 따라붙게 될 것이다.

PART 2
알츠하이머병 치료제

뇌세포의 불가항력적인 파괴를 막는
약을 과연 개발할 수 있을까

알츠하이머병 치료제

뉴런이 차례로
죽어가는
알츠하이머병의
메커니즘

알츠하이머병의 진행 과정

알츠하이머병은 뇌의 신경세포인 뉴런이 점차 죽어 가 정신 활동이
파괴되는 무서운 병이다. 환자의 뇌는 병의 진전과 더불어 위축되어, 성
인이라면 1,300~1,500g 되는 뇌의 중량이 마침내는 800~900g으로
줄어 두 번 다시 회복되지 않는다.

알츠하이머병의 증상은 일상생활의 아주 사소한 이상에서부터 시작된다. 어느 날 아침 일어나 식탁에 앉았더니 눈앞에 모르는 사람이 앉아 있는 이상한 일이 갑자기 벌어진다. 뇌의 신경세포가 파괴되기 시작하므로 기억장애가 일어나 남편이나 아내, 또는 자기 자식의 얼굴조차 잊어버리게 되는 것이다. 이는 치매의 초기 증상으로, 발생 초기에는 건망증과 잘 구별되지 않는다. 안경처럼 신변에 있는 물건을 어디에 두었는지 몰라 온 집안을 뒤진다거나, 유명한 배우의 이름이 아무리 생각해도 떠오르지 않는 경험은 30세를 넘긴 사람이라면 누구에게나 일어나는 그리 드물지 않은 일이다.

그러나 건망증인 경우에는 주위 사람들이 자신이 떠올리지 못했던 이름이나 장소를 지적해 주면, 그 즉시 "아아, 그렇지" 하며 기억할 수 있다. 하지만 알츠하이머병의 경우는 지적을 받아도 기억이 되살아나지 않는다. 이런 차이로 인해 자신이 단순한 건망증이 아니라는 사실을 자각할 수 있다.

알츠하이머병으로 인한 인지장애는 시간의 경과와 함께 점점 심해져 머지않아 주위 사람들이 이 같은 이상을 알아차리게 된다. 친척의 사진을 보면서 "이 사람은 누구냐?"며 가족들에게 몇 번씩이나 묻거나, 거리에서 누군가와 만나기로 해 놓고 약속한 사실 자체를 까맣게 잊어버리거나, 식사를 막 끝낸 뒤에 먹었다는 사실을 망각하는 일이 자주 생긴다.

동시에 옷차림에 신경을 쓰지 않거나, 단추를 잘못 채워도 본인이 자각하지 못하는 상태가 된다. 가사일 역시 제대로 할 수가 없다. 회사원이라면 계획성이나 관리능력이 현저하게 떨어져 새로운 사업계획에 대해 회의가 제대로 이루어지지 않거나, 부하에게 적절한 지시를 내리지 못하는 등의 변화를 보여 직장 동료들이 이상을 눈치채게 된다.

또한 망상이 나타나 지갑이나 예금통장을 넣어 둔 장소를 잊은 채 가족 중 누군가가 훔쳐 갔다고 믿거나, 자신에게 독을 먹였다거나, 남편이나 아내가 바람을 피우고 있다고 믿는 경우도 있다. 성격도 판이하게 바뀌어 적극적이고 명랑했던 사람이 우울 증상을 나타내거나, 다른 사람에 대한 배려가 없어지고 폭력적으로 변하기도 한다. 또는 반대로 기억장애를 감추기 위해 온화하고 예의 바르게 행동하는 환자도 있다.

시간이나 공간의 인지능력도 발병 초기 단계부터 소실돼 집 근처에서 집을 못 찾아 헤매거나, 때로는 집의 욕실이나 화장실이 어디 있는지 몰라 찾지 못하는 경우도 있다. 밤과 낮을 구별하지 못해 한밤중에 깨어나 출근 준비를 하거나, 아내를 어머니로 착각하는 경우도 발생한다.

발병한 후 몇 년이 경과하면 더 이상 걷는 것도 힘들어지고, 가족의 얼굴이나 자신의 얼굴도 알아보지 못해 거의 몸져누운 상태가 된다. 음식물을 삼키지 못하므로 몸이 급속도로 쇠약해지고, 침이나 음식이 기도로 들어가 폐렴을 일으키거나 심장에 이상을 일으켜 사망하게 된다. 통계에 따르면 알츠하이머병 환자는 발병한 후 평균 6년 정도에 사망한다.

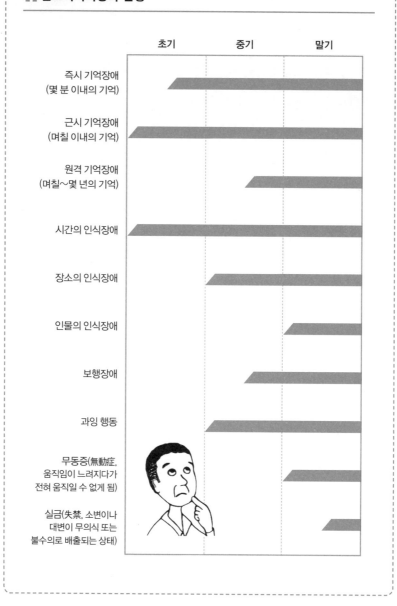

알츠하이머병의 진행

	초기	중기	말기
즉시 기억장애 (몇 분 이내의 기억)			
근시 기억장애 (며칠 이내의 기억)			
원격 기억장애 (며칠~몇 년의 기억)			
시간의 인식장애			
장소의 인식장애			
인물의 인식장애			
보행장애			
과잉 행동			
무동증(無動症, 움직임이 느려지다가 전혀 움직일 수 없게 됨)			
실금(失禁, 소변이나 대변이 무의식 또는 불수의로 배출되는 상태)			

치매 환자 수는 매년 증가 추세

현재 일본에는 180만 명의 치매 환자가 있는 것으로 추정되고 있다. 이는 고령자 인구의 약 7%, 즉 65세 이상의 일본인 14명 중에 한 명이 치매 환자라는 뜻이다. 치매를 일으키는 원인의 대부분은 뇌혈관 장애(뇌출혈이나 뇌경색)와 알츠하이머병인데, 이 중 알츠하이머병 환자 수만 70만 명에 이르는 것으로 보고 있다. 고령화 사회가 빠른 속도로 진행됨에 따라 치매 환자의 수는 해마다 증가해 2020년에는 300만 명에 달할 것이라는 추산도 나오고 있다.

뇌질환에 걸린 사람은 사회생활이 매우 어려워지고 상식적 판단을 내릴 수 없기 때문에 가족이나 보호시설에서 학대를 받거나, 악질적인 사기의 피해자가 되거나, 혹은 환자 자신이 폭력적으로 변하는 등 다양한 문제가 자주 발생하게 된다. 또 길거리를 배회하다 넘어지거나 교통사고를 당하기도 하고, 하수구나 강에 빠지기도 하며, 차를 운전해 사고를 일으키거나 밤에 배회하다가 얼어 죽는 등의 사고도 빈번하게 일어난다. 2004년 일본에서는 약 900명의 치매 환자가 길거리를 배회하다가 사고로 사망하거나 행방불명이 되었다.

▪▪ 65세 이상 치매 환자의 수(추계)

1990년	101만 명	2010년	226만 명
2000년	126만 명	2015년	262만 명
2005년	156만 명	2020년	292만 명

자료 : '일본의 정신보건복지'(2000년)

원인은 뇌에 생기는 노인반과 신경원섬유의 변성

알츠하이머라는 이름은 이 병을 처음 발견한 독일인 의사 알로이스 알츠하이머(Allos Alzheimer)의 이름을 따서 붙여진 것이다. 그는 1906년 독일의 한 정신병학회에서 '아우구스테'라는 이름의 51세 여성의 증상에 대해 발표했다.

이 여성은 의사에게 치료받기 시작한 5년 전부터 기억장애를 보이다가 이후 방향 감각을 상실하고 읽고 쓰는 것조차 거의 할 수

알츠하이머병을 최초로 보고한 알로이스 알츠하이머.

없게 되었다. 의사가 그녀를 처음 진찰했을 때 그녀는 자신이나 남편의 이름을 물어도 "아우구스테"라는 말만 되풀이할 뿐이었고, 다른 질문에 대해서도 엉뚱한 대답밖에 하지 못했다. 또 그녀는 곧잘 우울 증상이나 환각에 시달렸으며, 이상한 행동을 보였다고 한다.

알츠하이머는 이 여성(55세)이 사망한 후, 그녀의 뇌를 해부해 조사한 결과 뇌에서 눈에 띄는 이상을 발견할 수 있었다. 그녀의 뇌는 대뇌전체가 위축돼 있었을 뿐 아니라, 특히 대뇌피질이 현저하게 줄어들어 있었다. 대뇌피질은 사고나 기억, 언어, 운동 등을 지배하는 아주 중요한 영역이다. 그곳에는 작은 '반점'도 무수하게 나타나 있었다. 이 반점은 고령자의 뇌에 나타나는 '노인반(老人斑, senile plaque, 아밀로이드반)'

과 비슷하긴 했지만, 그녀의 대뇌피질에는 이상할 정도로 반점이 많았고, 특히 비정상적으로 꼬여있는 신경원섬유 다발이 많이 발견되었다. 이 현상은 후에 '신경원섬유의 변화'라고 명명되었다.

최근 알츠하이머병에 대한 의학적 견해는, 이 병이 뇌를 파괴하는 것은 노인반과 신경원섬유 중 하나 때문이거나 또는 두 가지 모두 신경세포를 손상시켜 마침내 신경세포가 죽기 때문이라고 보고 있다.

알츠하이머병이 진전되면 대뇌피질뿐 아니라 뇌의 깊은 곳에 있는 신경세포도 파괴된다. 특히 기억을 지배하는 해마와 학습과 기억에 중요한 역할을 담당하는 대뇌핵(核) 부분이 심하게 손상되는 듯하다. 그 근거는 알츠하이머병 환자의 뇌를 사후에 해부해 보면, 이들 부위의 신경세포가 눈에 띄게 축소돼 건강한 사람의 20~30%밖에 남아 있지 않기 때문이다. 대뇌핵의 신경세포는 아세틸콜린이라는 신경전달물질을 이용하는데, 환자의 뇌에서는 이 물질이 급속하게 줄어든다는 사실도 밝혀졌다.

:: 신경원섬유의 변화가 이루어지는 과정

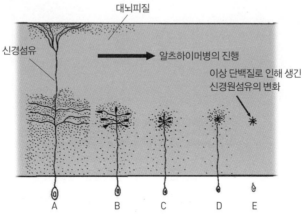

대뇌피질

신경섬유

알츠하이머병의 진행

이상 단백질로 인해 생긴
신경원섬유의 변화

A   B   C   D   E

알츠하이머병 환자의 뇌에서는 신경세포 속에 이상 단백질이 쌓여
신경세포가 죽어 가는 것으로 보인다(A에서 E로 진행).

● 알츠하이머병 환자의 뇌

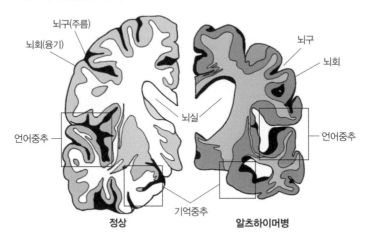

뇌구(주름)

뇌회(융기)

뇌구

뇌회

뇌실

언어중추

언어중추

기억중추

정상

알츠하이머병

알츠하이머병에 걸리면 뇌가 전반적으로 크게 위축된다.

알츠하이머병 치료제

알츠하이머병은
약으로 극복할 수 있을까

신경전달물질의 감소를 막는 치료제

알츠하이머병의 최초 치료제가 일본에서 사용된 시기는 1999년 이다. 일본에서 개발되어 전 세계적으로 널리 사용하게 된 '도네피질 (donepezil, 상품명 아리셉트)'이 바로 그것이다. 이 약은 작용 원리에 따 라 '콜린에스테라아제 저해제'라고 부른다. 도네피질은 알츠하이머병 환자의 뇌 속에서 신경전달물질인 아세틸콜린이 감소하고 있다는 점에 주목해 개발된 약이다.

앞에서 말한 것처럼 아세틸콜린은 하나의 신경세포에서 다른 신경세포로 정보를 전달하는 중요한 역할을 맡고 있는데, 이 물질은 자신의 역할을 다하면 콜린에스테라아제라는 효소에 의해 분해된다. 따라서 콜린에스테라아제 저해제는 콜린에스테라아제의 작

로널드 레이건 전 미국 대통령은 스스로 알츠하이머병에 걸렸다고 고백했다.
사진 : Ronald Reagun Library

용을 방해해 아세틸콜린의 감소를 막는 작용을 한다.

도네피질을 복용하면 치매의 진행을 늦출 수 있다고 보고 있다. 환자에 따라서는 일단 기억장애가 개선되고, 매사에 의욕을 보이는 경우도 있다고 한다. 그러나 길거리를 배회하는 일도 늘어나 가족에게는 오히려 환자를 돌보는 일이 더 힘들어지는 경우도 있다.

콜린에스테라아제 저해제로는 도네피질 외에도 갈란타민(galanthamine), 리바스티그민(rivastigmin) 등의 약이 있으며, 이 가운데 갈란타민은 아세틸콜린의 합성을 촉진하는 작용도 갖고 있다. 갈란타민은 곧 일본에서도 승인될 전망이다. 해외에서는 콜린에스테라아제 저해제 이외에도 메만틴(memantine, 상품명 나멘다) 등이 사용되고 있는데, 이 약은 신경세포를 보호하는 작용도 갖고 있다.

이들 약은 모두 알츠하이머병의 증상을 완화시킬 목적으로 사용되고 있다. 예를 들어 도네피질의 경우, 약을 복용하지 않으면 발병한 지 3년 정도가 지나면 가정에서 환자를 돌보는 것이 힘들어지지만, 약을 계속 복용하면 5년 이상이 지나도 환자가 가족과 함께 계속 생활할 수 있다. 만일 이들 약에 증상의 진행을 늦추는 효과가 있다면, 이는 분명 환자가 자기 자신의 감정이나 기억력으로 살아갈 수 있는 시간을 연장한다는 점에서 의미가 있을 것이다. 환자의 자립성이 높아지면 가족들도 간호에 대한 부담이 줄어든다.

그러나 이들 약으로 증상이 완화된 것처럼 보여도 이는 외견상으로만 그렇게 보일 뿐이며, 병의 진행, 즉 뇌세포가 죽어가는 과정을 늦추거나 멈추게 하는 일은 불가능하다. 약을 사용하든 그렇지 않든 환자의 뇌는 여지없이 죽어 간다.

신경세포의 사멸을 막는 원인치료제의 개발

이에 따라 현재 알츠하이머병의 보다 근본적인 치료를 위해 다양한 신약들이 개발되고 있다.

미국 국립위생연구소에 따르면, 미국 내에서는 2005년 말 현재 알츠하이머병에 관한 임상실험이 90가지 이상 예정되어 있다고 한다. 이 임상실험은 대부분 치료실험이며, 몇 개의 실험은 신약 임상실험도 계획

중에 있다.

현재 알츠하이머병 연구자들이 가장 갈구하고 있는 것은 이 병 자체를 치료하는 치료제다. 이미 죽어버린 신경세포를 다시 살리는 일은 불가능하더라도 병의 원인을 없애 더 이상의 진행을 막는 약이라면 개발할 수 있을 것으로 보고 있기 때문이다.

실제로 알츠하이머병이 뇌세포를 손상시키는 메커니즘이 규명되면서 치료제가 개발될 가능성도 조금씩 보이기 시작했다. 대부분의 신약은 뇌에 생기는 검은 반점인 노인반을 목표로 하고 있다. 노인반은 '베타아밀로이드(β-amyloid)'라는 단백질로 이루어져 있는데, 신경세포의 바깥쪽에 달라붙어 있는 이 단백질은 쉽게 용해되지 않는다. 따라서 이미 20세기 초반에 노인반을 발견했음에도 불구하고 좀처럼 이를 분리시키지 못했다. 1984년에 들어와서 비로소 죽은 알츠하이머병 환자의 뇌에서 베타아밀로이드를 분리할 수 있었다. 그러나 베타아밀로이드 분리실험에 성공한 미국의 연구자 조지 그레너(George Glenner)는 아이러니하게도 심장에 아밀로이드가 침착(沈着)되는 병으로 사망했다.

베타아밀로이드는 건강한 사람의 뇌 속에도 소량 존재하지만, 뇌세포에 침착되는 일은 거의 없다. 왜냐하면 건강한 사람의 경우 불필요한 베타아밀로이드는 효소에 의해 분해되기 때문이다.

그런데 알츠하이머병 환자의 뇌에서는 왜 아밀로이드가 응집되어 뇌세포에 침착하는 걸까? 그 이유는 아직 완전하게 규명되지 않았지만, 적어도 이 물질이 신경세포에 침착하면 신경세포 사이의 결합부(시냅스)

의 작용을 방해하고, 이에 따라 신경세포가 사멸한다는 사실은 밝혀졌다. 참고로, 이 단백질의 침착은 다운증후군이나 파킨슨병에 걸린 환자의 뇌에서도 볼 수 있다.

이에 따라 연구자들은 뇌세포에 아밀로이드가 침착하는 현상을 막는 약을 다각도로 검토하기 시작했다. 환자의 면역체계에서 베타아밀로이드를 공격하도록 하는 일종의 백신, 또는 베타아밀로이드의 생산을 저해하는 약 등이다. 그 밖에도 뇌 속의 아밀로이드가 응집해 뇌조직에 침착하는 현상을 막는 약이나 아밀로이드를 분해하는 효소, 또는 아밀로이드를 흡착해 제거하는 약 등이 연구되고 있다.

이들 약 중 베타아밀로이드의 응집을 막는 '3APS'와, 베타아밀로이드의 생산을 막는 플루비프로펜(flubiprofen)은 현재 구미에서 최종 임상실험이 실시되고 있으므로 몇 년 안에 널리 사용할 수 있게 될 것으로 전망된다.

치매 치료의 열쇠는 신경세포의 재생

지금 개발되고 있는 대부분의 알츠하이머병 신약은 신경세포가 서서히 죽어가는 과정을 막으려는 치료제들이다. 적어도 알츠하이머병 초기라면 치매의 진행을 막든지 진행을 늦추는 약이 머지않아 개발될 가능성이 있다. 그러나 어떤 신약도 중증의 치매 환자를 치료할 수 있으

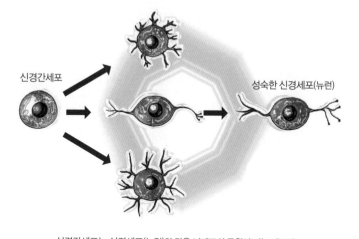

뇌의 신경간세포

신경간세포

성숙한 신경세포(뉴런)

신경간세포는 신경세포(뉴런)와 같은 뇌세포의 근원이 되는 세포다.

리라는 기대는 할 수 없을 듯하다. 중증인 경우에는 환자의 뇌 신경세포 대부분이 이미 죽었다는 사실을 의미하므로 이들 세포를 재생시키는 일은 현재의 신경세포생리학의 지식으로 볼 때 어렵다고 여겨지기 때문이다.

그러나 최근 들어 성인의 뇌에도 신경세포의 근원이 되는 세포인 신경간세포가 소량이지만 존재한다는 사실이 밝혀졌다. 즉 한 번 죽으면 결코 재생할 수 없다고 여겼던 중추신경세포도 어쩌면 재생할 수 있을지 모른다고 생각하게 된 것이다.

이에 따라 이미 신경간세포를 뇌에 이식하는 방법이 시도되고 있으며, 신경세포가 아직 많이 파괴되지 않은 알츠하이머병 초기 환자에게서는 어느 정도의 효과를 기대해 볼 수 있을 것이라고 보고 있다. 그러나 중증 환자의 경우에도 뇌세포를 회복시킬 수 있을지의 여부는 미지수다.

뇌는 심장이나 간, 신장과 같은 다른 장기들과는 달리 인간 존재 자체를 의미하기도 한다. 단순히 뇌의 조직 일부를 재생하기 위해 다른 부위의 세포를 이식한다 해도 이는 태아의 뇌처럼 기억도 경험도 없는 '알몸 세포'를 이식하는 시도다. 그러므로 일단 죽은 알츠하이머병 환자의 뇌가 되살아나는 것과는 전혀 다르다고 할 수 있다.

기억력을 향상시키는
'뇌의 비아그라'

한 알 먹으면 곧바로 기억력이 향상돼 어려운 책도 금방 이해할 수 있는 약이 과연 개발될 수 있을까? 조금 믿기 어려운 일이지만 그리 머지않은 장래에 '뇌의 비아그라'라고 부를 수 있는 기억력 증강제가 등장할지도 모를 일이다.

뇌의 기억 원리에 대한 연구는 오랜 기간에 걸쳐 이루어졌지만 아직도 거의 밝혀진 바가 없다. 그러나 뇌가 정보를 기억으로 축적할 때는 대뇌변연계에 있는 '해마'가 중요한 역할을 담당한다는 점만은 분명한 사실이다.

이때 해마에서는 특정 시냅스(각 신경세포들 사이에서 정보 전달을 하는 장소)의 활동을 촉진시키는 물질이 작용한다고 보고 있다.

이미 1970년대에 뇌의 시상하부에서 분비되는 바소프레신(vasopressin)이라는 호르몬이 장기기억에 관여하고 있다는 보고가 나왔다. 그러나 현 단계에서 생각해 보면, 그와 같은 한 종류의 화학물질만으로 기억력이 크게 변화한다고는 보기 어렵다.

기억물질에 대한 새로운 보고는 1996년에 발표되었다. 캘리포니아 대학의 게리 린치(Gary Lynch) 신경생리학 박사팀이 기억물질의 유력 후보를 발표한 것이다. 이 물질의 이름은 '암파카인(ampakines)'으로, 이를 투여하면 고령자라도 젊은 사람 못지않은 학습능력을 보인다고 한다.

암파카인의 효과를 검증하기 위한 임상실험이 스웨덴의 칼로린스카 연구소에서 이루어졌다. 먼저 65~73세의 남성 피험자를 세 그룹으로 나눈다. 그리고 제1그룹에는 위약(플라시보)를, 제2그룹에는 소량의 암파카인을, 제3그룹에는 다량의 암파카인을 주었다.

그리고 그들에게 관련성이 없는 5가지의 단어를 읽게 한 후 5분 뒤에 같은 순서로 이들 단어를 반복하게 했다. 이 실험의 경우 보통 65세 이상의 사람들이라면 기껏해야 단어 하나를 기억해내는 것이 고작이다. 그런데 제2그룹은 제1그룹의 2배, 제3그룹은 3배라는 놀라운 성적을 냈다. 제3그룹의 단기기억은 20~25세의 젊은 사람과 비슷한 수준이었다.

그러나 이와 같은 실험을 젊은 사람들을 대상으로 실시하자, 앞의 실험과 같은 놀라운 기억력 향상은 찾아볼 수 없었다. 암파카인은 기억력 감퇴가 현저한 사람일수록 개선 효과가 높았던 것이다.

그렇다면 암파카인은 어떻게 기억력을 되살릴 수 있었던 걸까? 게리 린치 박사는 이 물질이 기억에 관여하는 신경전달물질 수용체의 작용을 활성화시킨다고 보고 있다. 이에 따라 신경세포 사이의 정보 전달이 빨라져 기억력이 향상된다는 것이다.

이 약은 알츠하이머병, 우울증, 그리고 아동의 주의력결핍 과다행동장애(ADHD)에 대한 치료 효과가 기대돼 미국 국립위생시험소(NSF)에서는 이미 환자에 대한 제1상 임상실험을 마치고, 현재 제2상 임상실험을 실시하고 있다. 이 '뇌의 비아그라'가 약국에 진열된다면, 지금 이 책을 읽고 있는 당신도 재빨리 달려가지 않을까?

PART 3
스테로이드제

놀라운 치료 효과와 골치 아픈 부작용이
표리일체를 이룬다

스테로이드 호르몬의 성질

사람들은 왜 스테로이드를 거부할까

어느 피부과 전문의에 따르면, 최근 습진과 옻 등으로 피부과를 찾는 환자들 중에는 의사가 진찰도 하기 전에 "이 병원에서는 스테로이드제를 처방합니까?"라고 묻고, 의사가 분명하게 "아니다"라고 대답하지 않으면 그대로 진찰실을 나가버리는 사람들이 종종 있다고 한다.

이런 현상은 두 가지 사실을 의미한다. 첫째는 스테로이드라는 약 이름이 사회에 아주 널리 알려져 있다는 사실, 그리고 둘째는 스테로이드가 부정적인 인상을 주어 스테로이드 거부증을 보이는 사람들이 많다는 사실이다.

현대인이라면 누구나 수많은 정보를 접하며, 조금만 노력하면 매사에 균형 잡힌 지식이나 정보를 얻는 것이 가능한 시대에 살고 있다. 그러나 한편으로 종종 매스컴 등에서 보도되는 과장된 정보나 소문을 그대로 여과 없이 받아들이는 사람들 역시 적지 않다. 스테로이드는 그같은 사회에서 운 나쁘게 돌팔매질을 당하는 전형적인 약물 중 하나일지도 모른다.

아마도 아토피와 같은 피부병 환자들이 겪는 스테로이드제로 인한

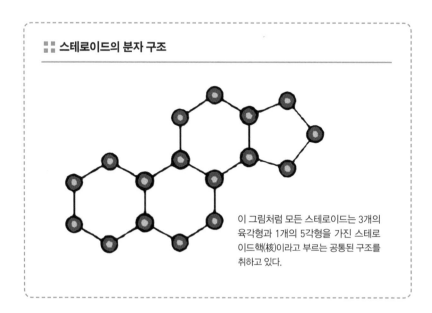

▪▪ 스테로이드의 분자 구조

이 그림처럼 모든 스테로이드는 3개의 육각형과 1개의 5각형을 가진 스테로이드핵(核)이라고 부르는 공통된 구조를 취하고 있다.

부작용이 TV 등에서 여러 번 보도돼 그 같은 영상이 사람들의 뇌리에 뿌리박혀 있는 듯하다.

스테로이드제는 놀라운 치료 효과를 가진 반면에 사용법에 따라 심각한 부작용을 초래하기도 하는 약이다. 그러나 많은 질병들이 스테로이드제 없이는 치료될 수 없다는 의학적 사실을 이해하려면 우선 이 물질이 왜 인체에 그토록 막강한 영향력을 행사하는지 그 원리부터 알아둘 필요가 있다.

스테로이드는 거의 모든 동물이나 식물의 몸속에서 스스로 만들어내어, 호르몬으로도 이용되는 화합물(지질)이다. 화합물은 크게 5종류로 나눌 수 있는데, 이들 화합물을 조금씩 성질이 다른 물질로 세분화하면 몇 백 종류나 된다. 하지만 이들 모두에 공통되는 점은 그 분자 구조에 특수한 형태의 스테로이드핵(核)을 갖고 있다는 사실이다.

주로 사용되는 3종류 스테로이드의 작용

스테로이드로 총칭되는 호르몬 중 우리들이 흔히 볼 수 있는 스테로이드는 다음 세 종류다.

부신피질 스테로이드(당질 코르티코이드) : 의약품으로서 일상적으로 널리 사용되는 스테로이드 호르몬으로, 면역반응을 억제하거나 염증을

:: 스테로이드의 주요 기능

● **면역반응이나 염증을 억제한다**

스트레스를 받았을 때 부신에서 분비되는 당질 코르티코이드(부신 피질 호르몬의 일종)는 혈당치를 높여 면역반응과 염증을 억제하는 작용을 한다. 스테로이드제 성분은 바로 이 당질 코르티코이드다.

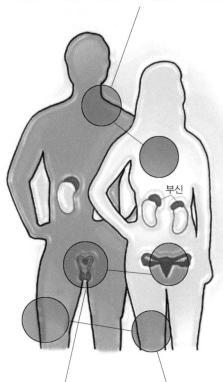

부신

● **생식기능을 유지한다**

정소나 난소가 분비하는 성호르몬에는 생식기능을 유지하는 작용이 있다. 남성호르몬에는 테스토스테론 등이, 여성호르몬에는 에스트로겐이나 프로게스테론이 있다.

● **근육을 증강한다**

남성호르몬에는 생식기능을 유지하고 골격근을 늘리는 작용도 있다. 인공적으로 합성한 호르몬(아나볼릭 스테로이드)은 근육증강제로서 이용된다. 운동선수의 도핑 검사에서 문제가 되는 스테로이드다.

진정시키는 강력한 작용을 한다. 의료계에서 스테
로이드라고 하면, 이 당질 코르티코이드를 가리킨
다. 부신피질 스테로이드와 부신피질 호르몬＊, 코
르티코스테로이드(코르티코이드) 등의 이름으로도
불리는 까닭은 신장의 위쪽에 있는 두 개의 부신피질에서 분비되기 때
문이다.

아나볼릭 스테로이드(단백동화 호르몬) : 운동선수가 보다 탁월한 운동
능력을 발휘하기 위해서나 혹은 근육을 발달시키기 위해 이용하는 호
르몬으로, 실제로는 성호르몬 중 하나인 안드로겐(androgen, 남성호르
몬)이나 이와 아주 유사한 구조의 합성 호르몬이다. 최근 아마추어 스
포츠뿐만 아니라 프로 스포츠 세계에서도 금지 약물의 대표 격으로 도
핑 문제를 일으키는 물질이다.

성호르몬 : 고환이나 정소, 부신피질이 만들어 내는 테스토스테론
(testosterone), 에스트로겐(estogen), 프로게스테론(progesterone) 등과
같은 성호르몬으로, 생식기의 기능에 커다란 영향을 미친다. 전립선
암이나 유방암, 자궁암과 같은 생식기 암의 진행을 촉진시키는 경우
도 있다.

이들 호르몬 물질은 모두 우리들의 몸속에서 중요한 작용을 한다.
그러나 여기에서는 스테로이드제로서 사용되는 '부신피질 스테로이드'
를 중점적으로 살펴보기로 한다.

3-2

스테로이드제

부신피질 호르몬의 발견과
스테로이드제의 개발

스테로이드제만큼 놀라운 효능을 보이는 약은 없다

'누워만 있던 류머티즘 환자에게 스테로이드제를 먹이면 일어서서 걷는다. 무덤을 향해'

유럽에서는 이처럼 스테로이드제의 약효를 비아냥거리는 우스갯소리가 있다. 스테로이드제의 부정적인 측면을 과장되게 강조해 스테로이드

＊ 교원병

혈관이나 근육, 관절과 같은 결합
조직이 염증을 일으키거나 변성하
는 병의 총칭. 이들 병 중 혼합성
결합조직병이나 전신성(全身性)
에리테마토데스(erythematodes),
악성관절 류머티즘 등 몇 가지 질
병은 난치병(특정질환)으로 지정
되어 있다.

＊＊ 다발성경화증(MS)

중추신경계 질환으로, 눈이나 팔
다리에 이상이 생기고 병이 나았
다 악화되었다를 되풀이한다. 일
본에서는 치료비 공비(公費) 부담
의 난치병으로 지정되어 있다.

제를 악한에 빗대고 있기는 하지만, 동시에 스테
로이드제의 성질을 잘 표현한 말이기도 하다.

실제로 스테로이드제만큼 놀라운 효과를 나타
내는 약은 없다. 예를 들어, 피부에 가벼운 생채
기나 염증이 생겼을 때 스테로이드제를 바르면 하
루 만에 염증이 누그러들고, 3일이 지나면 새로운
피부가 재생된다. 그 밖에도 아토피, 천식, 류머티
즘, 교원병,＊ 다발성경화증,＊＊ 뇌의 부종, 만성통증
이나 식욕부진, 폐렴, 백혈병 등과 같은 암, 돌발성
난청, 장기이식 후의 면역 억제 등 의료 현장에서 스테로이드제를 필요
로 하는 곳은 일일이 열거할 수 없을 정도로 많다.

한편, 앞에서 언급한 우스갯소리가 시사하듯이, 스테로이드제만큼
안이하게 사용했다가 문제가 발생하는 약도 드물다. 이는 스테로이드
제가 다른 많은 약들과는 성질이 아주 다르기 때문이다.

스테로이드제는 항생물질이나 항바이러스제처럼 병원체를 죽이는 약
이 아니며, 두통약이나 항우울제처럼 병의 원인에 직접 작용하는 약도
아니다. 앞에서 말한 것처럼, 스테로이드제는 호르몬으로 우리 몸에 원
래 갖추어져 있는 기능을 이용해 병의 증상을 억제하는 대증요법제다.

본래 우리 몸에서 만들어지는 당질 코르티코이드는 이것을 몸속에서
추출해 사용한다 해도 스테로이드제로서의 효과를 크게 기대할 수 없
다. 몸속에서 곧바로 분해되기 때문이다. 따라서 이와 같은 작용을 가

지면서 보다 장기간에 걸쳐 효과를 나타내는 합성 스테로이드가 약으로 이용된다. 프레드니솔론(prednisolon), 덱사메타손(dexamethasone) 등 잘 알려진 스테로이드제는 모두 인공적으로 합성된 약이다.

당질 코르티코이드는 신진대사를 촉진한다

당질 코르티코이드는 항상 뇌의 명령에 따라 분비량이 조절된다. 우리가 정신적·육체적으로 스트레스를 받으면, 뇌가 부신에 명령을 내려 일상적인 경우의 2~3배, 때로는 10배의 양이 한꺼번에 분비되게 된다.

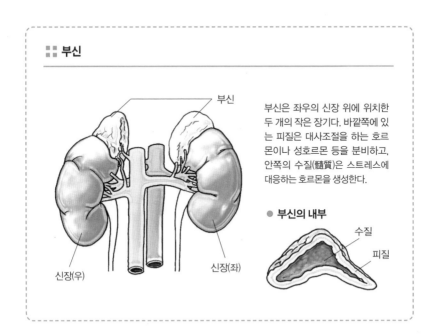

:: 부신

부신

부신은 좌우의 신장 위에 위치한 두 개의 작은 장기다. 바깥쪽에 있는 피질은 대사조절을 하는 호르몬이나 성호르몬 등을 분비하고, 안쪽의 수질(髓質)은 스트레스에 대응하는 호르몬을 생성한다.

● 부신의 내부

수질

피질

신장(우)

신장(좌)

피로하거나 저온 환경에 노출되거나 금식할 때도 당질 코르티코이드의 분비량이 늘어난다.

당질 코르티코이드가 분비되면 체내의 신진대사가 활발해져 몸이 스트레스에 금방 대응할 수 있게 된다. 당질이라는 말에서 짐작할 수 있듯이, 이 스테로이드는 먼저 혈당치를 올려 뇌나 심장에 충분한 당을 공급하고 몸의 기본적인 기능을 유지하려고 한다.

또 염증을 일으키는 물질의 생산을 방해하거나 면역세포＊의 작용을 방해해 염증을 억제하고(항염증 작용), 혈액을 쉽게 굳도록 해 상처가 빨리 회복되도록 하며, 중추신경을 흥분시켜 기분을 고양시키는 등의 효과도 낸다. 이와 같은 스테로이드의 작용이 있기에 비로소 우리는 스트레스가 만연한 환경 속에서도 건강하게 살아갈 수 있는 것이다.

스테로이드는 류머티즘 환자의 임상실험에서 발견됐다

스테로이드는 1920년대에 '물질 X'라는 수수께끼 같은 이름으로 처음 등장했다. 당시 미국의 유명한 병원인 메이요 클리닉에 근무하던 필립 헨치(Philip Hench)는 어떤 이상한 현상을 깨닫게 되었다. 바로 류머티즘 환자가 임신하거나 수술을 받으면 류머티즘 증상이 갑자기 좋아진다는 점이었다. 헨치는 사람의 몸속에서 스트레스를 받았을 때 분비되는 물질이 류머티즘을 치료하는 작용을 하고 있는 것이 틀림없다고

스테로이드제의 개발자 중 한 사람인 미국인 의사 필립 헨치
(앞줄 오른쪽 끝).

헨치와 켄들은 1950년에 노벨상 수상
을 알리는 이 전보를 받았다.

생각하고, 이 물질을 임시로 '물질 X'라고 이름 붙였다. 그는 그 후 동료
의사인 에드워드 켄들(Edward Kendall)이 부신에서 몇 가지 호르몬을
추출했다는 이야기를 듣고, 그중 하나가 물질 X일 것이라고 추정했다.

　그리고 얼마 되지 않아 제2차 세계대전이 일어났고, '독일 공군 비행
사는 부신에서 추출한 물질을 투여받고 있어서 1만 미터 이상의 고도
에서도 비행할 수 있다'는 소문이 퍼졌다. 이에 켄들은 미 육군 류머티
즘치료센터의 소장으로 취임해 부신호르몬의 연구를 시작했고, 국방예
산을 사용해 이 물질을 합성하는 데 성공했다.

　제2차 세계대전이 종결된 후 1948년에 켄들로부터 이 물질을 전해

받은 헨치는 류머티즘을 앓고 있는 한 여성 환자에게 이 물질을 투여했다. '미세스 G'라고 부르는 29세의 이 여성은 관절의 경직과 통증 때문에 늘 누워있어야 했지만, 부신호르몬 주사를 맞고 난 뒤에는 불과 3일 만에 자리에서 일어났고, 류머티즘 증상이 크게 개선되고 식욕도 좋아졌다. 일주일 후에는 시내에서 쇼핑을 할 수 있을 정도로 회복되었다고 한다. 이 부신호르몬이야말로 헨치가 찾고 있었던 물질 X였던 것이다. 그리고 이 치료로부터 불과 2년 뒤에 스테로이드제를 개발한 켄들과 헨치는 노벨 의학생리학상을 수상하게 된다.

그렇다면 스테로이드제가 미세스 G의 증상에서 보인 것처럼 즉효성을 나타내는 것은 무슨 까닭일까?

3-3
스테로이드제

놀라운
치료 효과와
골치 아픈
부작용

스테로이드는 DNA에 직접 작용한다?

스테로이드는 인체의 설계도라 할 수 있는 DNA에 직접 작용하는 것으로 보인다. 이 호르몬 물질은 세포막을 쉽게 통과해 세포 안으로 들어가 오직 이 물질만을 받아들이는 단백질(수용체)과 결합한다. 그리고 이 둘의 결합물은 DNA상의 유전자를 활성화시키거나 반대로 활동을 억제

＊ **저혈당**
124쪽 참조.

시킴으로써 몸을 환경에 재빠르게 적응시킨다. 스테로이드제는 인체의 세포 내에서 활동 중인 유전자의 약 20%에 영향을 미치는 것으로 보이며, 바로 이것이 아주 폭넓은 효능을 발휘하는 이유다.

부신피질의 기능이 저하되는 희귀병인 애디슨병(Addison's disease)의 환자는 스테로이드제를 늘 보충하지 않으면 쉽게 저혈압이나 저혈당*이 되고, 그런 상태에서 육체적 스트레스를 받으면 급격한 저혈당 증세를 일으켜 의식을 잃고 사망할 위험이 있다. 그만큼 스테로이드는 인체에 중요한 물질이다. 그런데 어째서 많은 사람들이 스테로이드제에 불안감을 느끼게 된 걸까?

장기간 사용하면 강한 의존성이 생긴다

스테로이드는 몸의 기능을 정상적으로 유지하는 데 반드시 필요할 뿐 아니라, 다양한 병을 치료하는 데도 다른 약으로는 대체할 수 없는 호르몬 물질이다. 하지만 잘못 사용하면 심각한 부작용과 신체적 의존성을 초래할 위험이 있다. 여기서 신체적 의존성이란 외부에서 스테로이드가 공급되는 데 몸이 익숙해져 버리는 현상이다. 약을 2~3주 이상 계속해서 사용하면 이 같은 의존성이 나타난다.

우선 치료를 위해 스테로이드제를 사용하면 혈액 속에 충분한 양의

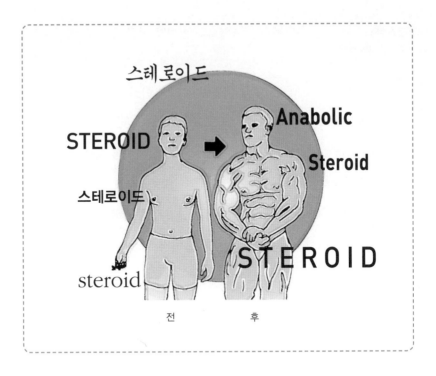

스테로이드 호르몬이 존재하게 된다. 그러면 뇌는 부신이 스테로이드
호르몬을 만들 필요가 없다고 간주하고 부신에 스테로이드 호르몬을
분비하라는 명령을 내리지 않게 된다. 즉 스테로이드제를 사용하는 동
안에 부신은 스테로이드 호르몬을 만들지 않기 때문에 본래부터 갖추
고 있던 스테로이드 생산능력이 저하된다. 그리고 스테로이드제 사용기
간이 길어지면 길어질수록 부신의 기능은 더욱더 떨어진다.

  이럴 경우 스테로이드제의 사용을 갑자기 중단하면 어떻게 될까?
체내에서 스테로이드 고갈 상태가 일어나므로 몸은 호메오스타시스
(Homeostasis, 항상성, 안정 상태)를 유지할 수 없게 되어 스트레스를 받으

＊ 리바운드 현상

사용하고 있던 약을 갑자기 중단하면 증상이 심하게 악화되는 현상.

면 저혈당을 일으킬 염려가 생긴다. 염증이 있을 경우에는 평상시보다 체내의 스테로이드 양이 줄어든 상태이므로 염증이 도리어 악화되는 수도 있다. 이런 현상을 일반적으로 리바운드 현상*이라고 한다.

일단 저하된 부신의 기능은 스테로이드제의 투여를 중단해도 금방 회복되지 않는다. 그래서 스테로이드제의 양을 조금씩 줄여 가면서 부신의 기능이 회복되기를 기다려야 한다. 만일 아주 장기간에 걸쳐 스테로이드제를 사용한 경우라면 그 양을 줄이기 시작하면서부터 부신이 회복되기까지 1년 이상 걸리는 수도 있다.

강력한 치료 효과만큼 부작용도 크다

스테로이드의 부작용이 매스컴을 통해 여러 차례 보도된 탓인지 스테로이드가 어떤 약인지도 잘 모르면서 무조건 두려워만 하는 사람들도 적지 않은 듯하다. 1980년대에는 오랜 기간 계속된 스테로이드제 처방으로 부작용이 생겨 얼굴 피부가 얇아지고 쭈글쭈글해진 여성이 의사와 병원에 소송을 제기한 사건이 있었다. 지금도 많은 아토피 환자들이 강력한 스테로이드제를 안이하게 처방했다며 의사나 병원을 고소하는 사건이 종종 일어난다.

약의 부작용은 종종 효능과 떼려야 뗄 수 없는 동전의 양면이라고 할 수 있지만, 스테로이드제는 특히 그런 경향이 강하다고 할 수 있다. 그 이유는 피부 치료용 연고를 제외하고 스테로이드제는 온몸에 영향을 미치기 때문이다. 이 약의 성분을 받아들이는 수용체는 온몸의 세포에 분포해 있기 때문에 스테로이드를 보충할 필요가 없는 장기 역시 스테로이드의 영향에서 벗어날 수가 없다.

그러므로 교원병과 같은 알레르기성 병처럼 스테로이드제가 큰 치료 효과를 나타내는 병이라 해도 약효가 강한 스테로이드제는 사용기간을 될 수 있는 한 줄여 심한 증상이 일단 치료되었다면, 곧바로 투여량을 줄이거나 대체약을 사용함으로써 부작용을 최대한 억제하는 것이 치료의 철칙이다.

스테로이드제의 부작용 중에서 가장 문제가 되는 것은 혈당치*의 상승이다. 스테로이드제는 몸속에서 당의 생산을 활성화하기 때문에 단기적으로는 문제가 되지 않지만, 오랜 기간 사용하면 부작용이 나타난다.

우선 원래 혈당치가 높았던 당뇨병 환자의 경우에는 증상이 악화될 우려가 있다. 스테로이드제에 의해 당이 생산될 때는 몸을 만들고 있는 단백질이나 지방이 그 재료로 사용된다. 이들 물질이 분해돼 당으로 변하는 것이다. 따라서 이 약을 장기간 사용하면 근육이 여위어 감소되는 현상도 일어난다. 그리고 지방을 대사하기 때문에 혈액 속에 지방산이 늘어나 고지혈증이 될 위험도 있다.

✳ 혈당치
혈액 속의 포도당 농도. 건강한 성인의 혈당치는 혈액 100ml당 70~110mg이다.

* 백혈구
몸속으로 침입한 이물질을 물리
치는 역할을 하는 면역세포로
림프구와 단핵구, 호염기구의
총칭이다.

또 면역계의 활동이 저하될 우려도 있다. 스테로이드제는 백혈구*의 활동을 억제하거나 면역세포 사이에서 정보를 전달하는 물질의 생산을 억제하기 때문에 일반적으로 염증을 금방 아물게 하는 작용을 한다. 그러나 이런 작용에 의해 면역력이 약해지면 병원체가 되는 바이러스나 세균에 감염되었을 때 이를 물리칠 수 없게 될 위험이 생긴다.

연고(외용약)로 된 스테로이드제를 이용할 때도 사용법을 제대로 지키지 않으면 피부가 얇아지고 쪼그라들며, 모세혈관이 확장돼 얼굴이 붉어지는 등의 부작용이 나타날 수 있다. 병원에서 처방되는 약뿐만 아니라 시중에 판매되는 약들 중에서도 약효가 강한 스테로이드제가 있기 때문에 어쨌든 장기간 사용하는 일은 피해야 한다.

아주 탁월한 치료 효과와 골치 아픈 부작용이 동전의 양면을 이루고 있는 스테로이드제. 잘못된 정보에 현혹돼 무턱대고 두려워하는 것도 어리석은 일이지만 스테로이드제의 성질을 잘 알지 못한 채 장기간 사용함으로써 부작용을 초래하는 것 또한 실로 어리석은 일이라고 할 수 있다.

column

스테로이드제의
부작용

　스테로이드(당질 코르티코이드)는 모든 염증을 강력하게 억제하는 효과를 갖고 있기 때문에 일종의 면역질환, 근육이나 피부, 뼈의 질환 등에 탁월한 치료 효과를 발휘한다. 그러나 장기간 사용하면 다음에 열거한 증상과 같은 다양한 부작용이 발생하므로 반드시 의사의 지시에 따라야 한다.

장기 사용(2~3개월 이상)으로 인한 스테로이드제의 부작용

- 체중이 증가하거나 얼굴이 둥글어진다.
- 감염증에 쉽게 걸리게 된다.
- 혈압이 상승한다.
- 혈당치가 올라간다.
- 피부에 멍이 잘 들고, 피부의 상처가 잘 낫지 않으며, 피부가 얇아지는 증상이 생긴다.
- 근력이 저하된다.
- 정신적으로 고양되는 사람이 있는 반면 우울하거나 정신불안 증세를 보이는 사람이 있다.
- 위궤양이나 십이지장궤양에 걸릴 위험이 있다.

　단, 이러한 부작용이 나타났을 때에는 곧바로 약을 끊지 말고 의사와 상담해 시간을 들여 서서히 사용량을 줄이는 것이 중요하다. 그러나 단기간의 사용으로 스테로이드제가 부작용을 일으키는 일은 거의 없다.

자료 : Patient UK

PART 4
두통약

통증을 잊게 하는 약에서
통증을 없애는 약으로

4-1

두통약

두통은
뇌의 어느 부분이
아픈 걸까

뇌는 절개해도 아픔을 느끼지 못한다?

정신과 의사 한니발 렉터 박사로 분한 영국의 명배우 안소니 홉킨스 (Anthony Hopkins)가 나오는 영화를 보면 야심찬 법무성 간부를 납치해 그의 두개골을 절개하고 뇌를 끄집어내는 장면이 나온다. 매우 지적이며 냉혹한 연쇄살인마이기도 한 렉터 박사는 스테이크 나이프로 그

법무성 간부의 뇌를 얇게 잘라 내 프라이팬으로 요리한 후 그의 입에 넣어 주는데, 약물로 정신이 혼미해진 남자는 자신의 뇌를 아주 맛있다는 듯이 게걸스럽게 먹는다.

2001년에 개봉된 헐리우드 영화 〈한니발〉에 나오는 이 장면은 뇌를 잘라 내도 본인은 아픔을 느끼지 못한다는 생리학적 지식을 원작자 토마스 해리스가 이야기에 삽입함으로써 관객들을 전율시키려는 의도였을 것이다.

여기서 법무성 간부의 뇌는 제쳐 두고, 우리들이 아프다거나 뜨겁다고 느끼는 것은 진화를 통해 얻은 감각신경계가 온몸에 분포돼 있기 때문이다. 대뇌의 감각중추에서는 무수한 신경섬유들이 몸의 각 부분에 뻗어 있고, 신경섬유의 끝에는 자유신경종말(free nerve ending)이라고 하는 감각신경의 창구(窓口)가 있다.

자유신경종말은 아픔이나 뜨거움, 압박감 또는 촉감과 같은 자극의 종류를 분간해낼 수 있다. 그 이유는 신경종말의 끝에는 자극의 성질에 맞춰 4종류의 감각수용기(통각, 온도각, 촉각, 압각)가 존재하기 때문이다. 이들 감각수용기 중에서 두통을 일으키는 것은 말할 것도 없이 통각 수용기다.

누구나 아픔을 느끼는 것은 좋아하지 않지만, 이 같은 통증의 감각은 이를 그대로 방치해 두면 몸의 각 부분 또는 전체가 파괴될지도 모른다고 경고하는 생명체의 방어기구다. 따라서 이 통각 수용기는 외부의 자극을 받기 쉬운 부위에 특히 발달돼 있는데, 가령 손바닥과 같은

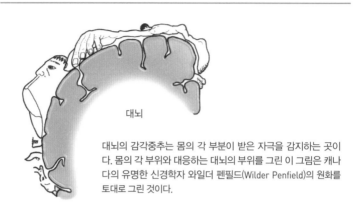

대뇌

대뇌의 감각중추는 몸의 각 부분이 받은 자극을 감지하는 곳이다. 몸의 각 부위와 대응하는 대뇌의 부위를 그린 이 그림은 캐나다의 유명한 신경학자 와일더 펜필드(Wilder Penfield)의 원화를 토대로 그린 것이다.

:: 뇌의 신경세포

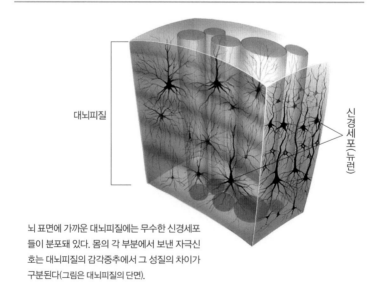

대뇌피질

신경세포(뉴런)

뇌 표면에 가까운 대뇌피질에는 무수한 신경세포들이 분포돼 있다. 몸의 각 부분에서 보낸 자극신호는 대뇌피질의 감각중추에서 그 성질의 차이가 구분된다(그림은 대뇌피질의 단면).

민감한 부분에는 1cm²당 수백~천 개나 밀집해있다.

한편, 몸의 심부조직이나 내장에는 통각이 거의 존재하지 않는다. 간, 폐, 소장, 대장 등에 암이 생겨도 본인이 금방 아픔을 느끼지 못하는 이유는 바로 통각 수용기가 없기 때문이다. 이들 암이 성장했을 때 주변 조직이나 장기가 압박을 받거나 잡아당겨지거나 했을 때 비로소 간접적인 둔탁한 통증을 느끼게 된다.

대뇌의 내부에도 통각 수용기가 없다. 렉터 박사의 손에 뇌의 전두엽이 잘려 나간 남자가 이를 스테이크라고 생각하고 맛있게 먹은 이유도 이 같은 몸의 구조를 잘 말해 주고 있다. 그러나 뇌가 아픔을 느끼지 않는다면, 어째서 두통에 시달리는 사람들이 많은 걸까? 한편, 통증에 대한 최신 이론에서는 '통증은 뇌 속에만 존재한다'고 주장하기도 한다.

진짜 아픈 곳은 뇌를 감싸는 수막

아픔을 스스로 느끼지 못하는 뇌는 온몸의 자유신경종말에서 보내온 통증 신호를 전달받는 중추다.

몸의 다른 곳에 가해진 자극은 대뇌피질의 감각중추에 자유신경종말의 전기신호(활동전위)로 보내져, 그곳에서 대뇌가 이를 통증이라든가 열(熱)로 구분하게 된다. 이것이 통증은 뇌 속에서만 존재한다는 말의 의미다.

✱ 신경전달물질

하나의 신경세포가 다른 신경세
포에게 정보로 보내는 물질(뇌내
물질)로, 대부분의 신경전달물질
은 호르몬의 일종이다. 신경세포
를 흥분시키는 물질과 흥분을 억
제하는 물질이 함께 작용해 전체
적으로 균형을 유지한다. 최초로
발견된 신경전달물질은 아세틸
콜린이다.

통증 전기신호가 뇌에 전달되려면, 전달되는 도중에 뇌의 신경세포(뉴런)들을 연결하고 있는 시냅스라는 곳에서 전기신호를 화학물질 신호로 바꿔야 한다. 시냅스에는 작은 틈새가 있어서 전기신호로는 상대측에 전달할 수 없기 때문이다. 여기에서 작은 틈새를 넘어 신호를 전달하는 다리 역할을 하는 물질이 바로 신경전달물질[*]이다. 지금까지 발견된 신경전달물질은 수십 종에 이르는데, 이들 중 통증 신호를 전하는 것은 주로 물질 P(substance P)라고 하는 펩티드(아미노산의 사슬)와, 아미노산 중 하나인 글루타민산(glutamic acid)이라고 보고 있다. 이런 메커니즘에서 살펴본다면, 통증을 억제하기 위해서는 이들 물질을 방해하는 방법을 택하면 해결될 것으로 보인다. 그러나 뒤에 서술하겠지만, 두통약에는 이와는 작용 메커니즘이 전혀 다른 것도 있다.

통증 전기신호는 시냅스에서 신경전달물질로 바뀌어 시냅스의 틈을 건너고, 다 건너면 다시 전기신호로 바뀌어 마침내 뇌의 감각중추에 도달한다. 신호를 전달받은 뇌가 이 전기신호가 어디서 왔으며, 어느 정도의 강도를 가진 신호인지를 구분했을 때 비로소 우리들은 아픔을 느끼게 되는 것이다.

그렇다면 두통은 어디가 아픈 걸까? 아픈 곳은 두개(頭蓋) 속에 통증을 일으키는 장소, 즉 뇌척수막이다. 뇌의 내부에는 통증을 느끼는 감각수용기가 없지만, 뇌를 보자기처럼 감싸고 있는 수막의 내부에는 혈관과 통증 신호가 그물눈처럼 분포돼 있다. 이들 혈관이 어떤 이유 때문에 확장 또는 수축되거나 아니면 염증을 일으켰을 경우에 주변의 감각수용기가 이를 감지하고 전기신호를 대뇌에 보내는 것이다.

편두통의 원인은 뇌혈류의 이상 변화

두통에는 여러 가지 형태가 있는데, 국제두통학회(The International Headache Society, IHS)는 두통을 크게 14가지로 구분하고, 이를 다시 165가지로 세분하고 있다. 그러나 여기에서는 이들 두통 중에서 가장 많은 사람들이 일상적으로 시달리는 편두통에 대해 살펴보기로 한다.

편두통에 시달리는 사람들, 소위 '두통 환자'들은 세계 어느 나라에서든 상당수의 비중을 차지하고 있으며, 구미에서는 인구의 10~20%, 특히 미국에서는 그 수가 2,800만 명에 달한다고 보고되고 있다. 일본에서도 인구의 8~9%가 두통 환자라고 하니 그 수는 약 1,000만 명 이상이 될 것이다.

편두통의 원인은 현재 완전히 규명되지는 않았지만, 여기에서는 미국의 국립보건연구소와 국립신경장애·뇌졸중연구소의 연구팀에 의한 최신 '편두통 이론'을 소개하고자 한다. 이 이론에 따르면 편두통을 일으키는 직접적인 원인은 뇌혈류의 이상 변화다. 즉 스트레스처럼 두통을 일으키는 요인이 가해졌을 때, 대뇌 기저부에 있는 많은 신경들이 반응해 뇌혈관이 경련을 일으키거나 확장 또는 수축을 일으킨다는 것이다.

특히 뇌에 혈액을 보내는 혈관이 몇 개 수축하면 뇌의 혈류가 감소한다. 이때 혈액 속의 혈소판이 응고 반응을 일으켜 세로토닌이라는 화학물질을 방출한다. 세로토닌은 신경전달물질 중 하나지만, 강한 혈관수축 작용도 하므로 혈관이 더욱 수축하게 된다. 이렇게 뇌혈관이 수축한 결과, 혈류가 감소해 뇌로 가는 산소 공급이 부족해지고 두통의 전조 증상*이 나타나는 것이다.

또 산소 부족 현상이 일어나면 이를 해소하기 위해 뇌혈관이 확장되려고 한다. 그러면 이번에는 통증을 일으키는 화학물질인 프로스타글란딘(prostaglandin)이 뇌조직과 혈액 속의 혈구에서 방출된다. 이와 동시에 혈관의 염증과 확장을 일으키거나, 아픔에 과잉 반응하게 하는 화학물질도 방출된다. 이런 복잡한 변화가 뇌혈관을 둘러싼 신경(3차 신경, trigeminal nerve)의 끝에 있는 감각수용기에 인지되어 그 신호가 대뇌의 감각중추로 보내진 결과, 머리에 지끈지끈거리는 아픔이 퍼진다는 것이다.

편두통은 시작되는 계기나 빈도, 아픔의 강도 등이 사람에 따라 다양하기 때문에 모든 두통 환자에게 두루 효과적인 치료법은 없다.

그러나 앞에서 말한 것처럼, 편두통은 뇌혈관의 경련이나 확장·수축이 신경을 압박함으로써 발생한다고 보기 때문에 우선 이 같은 증상을

:: 두통이 일어나는 원리

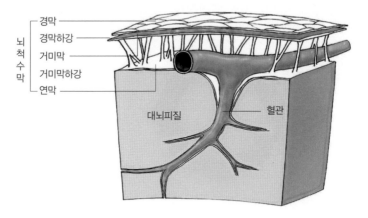

뇌척수막의 혈관이 수축 또는 확장되면 신경이 그 변화를 대뇌피질로 전달해 두통으로 인식한다.

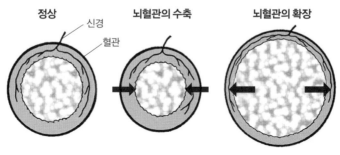

일단 혈관이 수축되면 혈관을 더욱 수축시키는 세로토닌이 분비돼 혈류가 감소한다. 그러면 뇌가 산소 부족에 빠져 두통의 전조 증상이 나타난다.

왼쪽과 같은 산소 부족 현상을 해소하기 위해 혈관이 확장되면, 통증을 일으키는 프로스타글란딘이 분비돼 혈관의 염증이 주위의 신경으로 전달돼 두통이 생긴다.

일으키는 환경 요인이나 편두통을 유발하는 음식 등을 멀리할 필요가 있다.

그러나 이들 요인을 모두 배제하고 일상생활을 영위하는 것은 현실적으로 불가능하며, 또한 자신의 편두통이 언제 시작될지 정확하게 예측할 수 있는 사람도 많지 않다.

4-2

두통약

제1세대
아스피린에서
두통약의 결정판
트립탄까지

세계 최초의 합성 약물 아스피린

만일 두통이 쉬거나 머리를 식히는 정도로는 사라지지 않거나, 또는 아픔을 바로 가시게 하고 싶을 때 등장하는 약이 바로 두통약(진통제)이다. 편두통이 그렇게 자주 나타나지 않고 통증 역시 심하지 않다면, 시중에서 판매되는 진통제인 아스피린(바팔린 등과 같은 비(非)피

비(非)피린(pyrine)
감기약이나 진통해열제에는 피
린계와 비(非)피린계의 약제가 있
다. 1960년대까지는 약효가 강
한 피린계의 약제가 주로 사용
되었지만, 부작용(발진 등과 같
은 심한 알레르기 증상)이 문제가 되
었다. 현재 시판되고 있는 대부
분의 감기약은 부작용을 억제한
비피린계다.

비(非)스테로이드성
마약성 진통제가 아닌 진통제는
대개 비(非)스테로이드성 항염증
약이다. 부신기능 부전이나 면역
력 저하, 혈당치의 상승 등을 일
으킬 우려가 있는 스테로이드는
들어 있지 않다.

린계*의 비(非)스테로이드성** 항염증약)이나 아세트아미노펜(세데스 등)으로도 어느 정도의 진통 효과는 얻을 수 있다.

19세기에 처음 등장한 아스피린은 세계 최초의 합성 약물로 원래 성분은 버드나무에서 추출한 살리실산(salicylic acid)이었다. 살리실산에는 신경세포의 시냅스에 방출돼 통증 정보를 전달하는 신경전달물질인 프로스타글란딘의 생산을 억제하는 작용이 있다. 즉 통증 신호가 대뇌로 전달되는 경로를 도중에 차단함으로써 두통을 억제하는 것이다.

그러나 살리실산에는 강한 위장장애를 일으키는 성질이 있다는 사실이 그때 이미 알려져 있었다. 그래서 19세기 말, 이 약을 합성한 독일 바이엘사 연구원은 살리실산의 분자 구조를 조금 바꿔(아세틸화) 이런 부작용을 억제하려고 했고, 이후 아스피린의 성분은 아세틸살리실산으로 바뀌게 되었다. 하지만 그렇다고 해도 이 약을 다량 복용하면 여전히 위장장애가 일어날 가능성이 크다. 또 최근에는 이 물질이 유아의 라이 증후군(Reye's syndrome, 의식장애를 동반하는 뇌질환)과 관련이 있는 것으로 보고 어린아이에게는 사용하지 못하도록 하고 있다.

한편, 아세틸살리실산은 혈액 속에 들어가면 혈소판의 응고를 막아 혈액을 맑게 하고 뇌경색 등과 같은 혈관장애를 예방하는 효과가 있다는 점이 알려져, 고혈압이나 가벼운 뇌경색에 걸린 사람들은 대부분 병

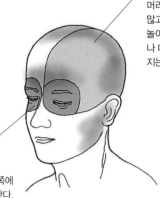

편두통

머리 한쪽이 아픈 경우가 많고, 통증이 이마나 관자놀이, 눈 주위로 전달되거나 때로는 머리 전체로 퍼지는 경우도 있다.

군발성 두통

한쪽 눈 주위나 눈 안쪽에 예리한 통증을 동반한다. 눈의 결막 충혈, 눈물이나 콧물, 안면홍조 등도 나타난다.

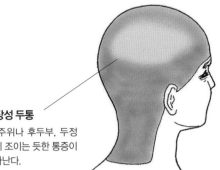

긴장성 두통

목 주위나 후두부, 두정부에 조이는 듯한 통증이 나타난다.

원에서 아스피린을 처방받고 있다. 게다가 심장발작을 억제하는 효과가 있다는 사실도 확인되고 있다. 따라서 아스피린은 부정적인 측면보다는 긍정적인 측면이 훨씬 많은 약이라고 볼 수 있다.

소변 속에서 발견된 아세트아미노펜

시판되는 두통약에 들어 있는 성분 중 또 다른 성분인 아세트아미노펜(acetaminophen) 역시 아스피린과 마찬가지로 19세기 말에 발견되었는데, 놀랍게도 바로 사람의 소변 속에서였다.

진통제를 복용한 사람의 소변을 농축했더니 쓴맛이 나는 백색 결정이 남았고, 이것이 후에 부작용이 없는 진통제를 찾고 있던 연구자에 의해 탁월한 진통 효과를 가진 물질로 보고되었던 것이다. 연구자가 소변 속의 결정을 핥아 본 결과 얻은 성과였다.

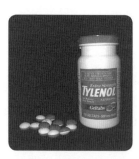

미국에서 판매되고 있는 두통약 타이레놀. 일본제 두통약보다 진통 성분의 함유량이 많다.

아세트아미노펜은 1950년대 미국에서 타이레놀이라는 이름으로 등장했고, 이후 전 세계에 같은 성분의 진통제가 등장하게 되었다. 약의 구조가 아스피린과 비슷하다는 점 때문에 이 약은 오랫동안 아스피린과 같은 원리로 진통 효과를 나타낸다고 여겨졌지만, 사실은 달랐다. 아세트아미노펜은 뇌의 신경세포에 직접 작용하지만, 과산화물*을 포함한 세포(혈소판과 면역세포)에는 작용하지 않기 때문에 아스피린과 같은 위장장애를 일으키지 않는다는 점이 밝혀진 것이다. 하지만 그 대신 술과 함께 아세트아미노펜을 복용하면 간 장애를 일으킬 위험이 있다.

어차피 이들 약, 특히 일본에서 시판되고 있는 약품들은 아주 강력한 진통 효과를 기대할 수 없다. 같은 성분의 진통제라도 미국의 약품과 비교하면 진통 성분량이 적은데, 바로 이런 점이 신통치 않은 약효를 보이는 이유라고 볼 수 있다. 미국에서는 'extra strength(초강력)'라고 적혀 있는 보다 강력한 효과를 보이는 진통제가 판매되고 있지만, 일본에서는 이런 제품은 판매되지 않는다.

보다 강력한 제2세대 두통약 에르고타민

통증이 아주 심하거나, 앞에서 예로 든 약으로는 통증이 사라지지 않을 때는 병원을 찾게 된다. 그러면 의사는 예를 들어 에르고타민(ergotamine)을 처방한다. 제품명으로는 카페르고트(cafergot), 크리아민, 디히데르고트 등이다.

에르고타민은 오랜 옛날부터 다양한 용도의 약으로 사용되어온 식물

검은 뿔 모양을 한 것이 맥각이다(화살표).
먹으면 맥각 중독을 일으킬 위험이 있다.

성 알칼로이드 중 하나로 앞에 제시된 진통제와는 전혀 다른 원리, 즉 뇌혈관을 수축시켜 간접적으로 두통을 완화시키는 물질이다.

에르고타민도 오랜 역사를 지녔다. 호밀이나 밀과 같은 벼과 식물의 이삭에는 종종 길이 1~3cm의 검은 뿔 모양의 맥각이 생기는데, 옛날에는 이를 이삭의 일부라고 여겼다. 하지만 사실은 이삭에 기생하는 맥각균이 증식해 만든 일종의 곰팡이 덩어리로, 맥각이 생긴 식물은 맥각병에 걸렸다는 것을 의미한다. 과거 유럽이나 러시아에서는 맥각균에 감염된 호밀을 먹고 많은 사람들이 중독사하거나, 이를 먹은 가축이 심한 중독 증상을 일으켜 죽었다는 기록이 남아 있다. 나중에 이 맥각(에르고트)에서 강한 신경독성을 가진 신경전달물질과 비슷한 물질이 추출되었는데, 이를 에르고타민이라고 이름 붙였던 것이다.

현재 에르고타민 및 그 부류(유도체)는 편두통 치료제 외에 파킨슨병 치료제, 도파민 분비 촉진제 등 다양한 목적으로 이용된다. 그러나 성욕 촉진제나 강력한 환각제(LSD)로도 이용된 역사를 갖고 있는 만큼 그 부작용도 만만치 않아 사용 방법에 따라 약이 되기도 하고 독이 되기도 하는 물질이다.

에르고타민은 혈관이 확장돼 편두통이 시작됐을 경우 복용하면, 혈관을 만드는 평활근에 작용해 혈관을 수축시켜 편두통 증상이 완화되거나 사라진다. 그러나 통증을 참고 있다가 복용하면 아무런 효과가 없다. 매일 정해진 시간에 편두통이 시작되는 사람의 경우에는 편두통이 일어나기 직전에 복용하면 예방도 할 수 있다고 한다.

그러나 에르고타민이 혈관을 수축시킨다는 사실은, 다량으로 계속 복용하면 혈관이 과도하게 수축돼 이번에는 혈관 수축으로 인한 두통이 일어나게 된다는 것을 의미한다. 또 때때로 심근경색이나 혈압의 급격한 저하 등과 같은 순환기 장애를 일으킬 가능성이 있으며, 임신한 여성의 경우 자궁 수축(진통)을 일으킬 위험도 있다. 통증을 직접적으로 억제하지 못하는 에르고타민은 꽤나 강력한 진통제이긴 하지만, 효과가 확실치 않고 부작용이 일어나기 쉽다는 게 결점이다.

'기적의 두통약' 트립탄의 등장

이렇듯 다양한 진통제나 두통약들이 20세기 전반에 걸쳐 사용되다가 1990년대 중반에 미국에서 두통약의 결정판이라 할 수 있는 '트립탄(triptans)'이 등장한다. '편두통의 세계에 혁명을 일으킨 약' 혹은 '기적의 두통약'이라고까지 일컬어지며 등장한 트립탄은 일본에서도 2001년에 후생노동성의 승인을 받았다. 그렇다면 지금 병원에 가서 의사에게 "두통이 낫질 않습니다. 어떻게 좀 해 주세요"라고 강력하게 호소한다면, 의사는 이 약을 처방해 줄까?

아마 대부분의 의사들은 앞에서 예로 들었던 다른 약을 처방해 줄 것이다. 그 이유는 트립탄의 부작용 문제가 아직 완전하게 규명되지 않았기 때문이다.

기존의 진통제들은 모두 두통을 몇 시간 동안만 잊게 하는 작용을 한다. 따라서 약이 효력을 발휘하는 동안 두통의 원인을 제거하지 않는다면, 약효가 사라진 순간부터 두통은 또다시 시작된다. 하지만 트립탄은 두통을 없애는 효과가 있다.

트립탄의 성분은 사람이나 동물의 몸속에 널리 분포하는 트립타민(tryptamine)이라는 물질이다. 여기에는 비슷한 물질들이 많이 있어 이를 총칭해 트립탄류(類)라고 부른다. 트립탄류에는 불법적인 마약과 같은 작용을 가진 물질도 포함돼 있어 그 전체상을 쉽사리 파악할 수 없을 만큼 복잡하다.

∷ 편두통 치료제

두통의 강도	치료제
가벼움	아세트아미노펜 또는 아스피린과 같은 비(非)스테로이드성 항염증약(NSAIDs). 과거에 이들 약이 별 효과가 없었던 경우라면 에르고타민 계열이나 트립탄 계열의 약.
중간	아세트아미노펜이나 비(非)스테로이드성 항염증약 또는 에르고타민 계열의 약. 과거에 이들 약이 별 효과가 없었던 경우라면 트립탄 계열의 약.
심함	트립탄 계열의 약. 에르고타민 계열의 약을 이용하는 경우도 있다.

자료 : 일본두통학회의 '만성 두통 진료 가이드라인' 외

트립타민은 뇌혈관에 존재하는 신경전달물질인 세로토닌 수용체와 결합해 뇌혈관을 수축시킨다. 이에 따라 통증이나 혈관의 염증을 일으키는 프로스타글란딘의 분비량이 줄어들어 두통이 억제되는 것으로 추정하고 있다. 뇌혈관의 확장과 염증의 억제로 인해 두통을 완화시키는 메커니즘은 앞에서 말한 에르고타민의 경우와 비슷하다는 것을 알 수 있다. 그러나 미국에서 실시된 수천 명의 두통 환자를 대상으로 한 실험에서 80% 이상의 사람들이 진통 효과를 얻었다고 보고되고 있는 점으로 미루어 볼 때 에르고타민보다 안정적인 약효를 보이는 것은 사실인 듯하다.

그런데 미국의 일부 의사들이 혈관 수축 작용을 지닌 트립탄은 아주 드물게 심장혈관 장애를 일으키는 경우가 있다고 보고해, 의료 현장에 있는 의사들이 트립탄 처방을 주저하게 되었다. 부작용을 조사하기 위한 전문가 위원회가 설립돼 검토가 이루어졌고, 전체적인 안전성은 확인되었다고 하지만 모든 것이 해명되었다고는 볼 수 없다.

따라서 의사는 어떤 신체조건의 사람이 트립탄을 안전하게 사용할 수 있을지가 확실해질 때까지 이 '기적의 두통약'을 쉽게 처방해 주지 않을 가능성도 있다. 어떤 약이든 사용이 개시된 시점부터 10년 정도 경과해야 비로소 약의 효과나 부작용을 충분히 검증할 수 있기에 이는 당연한 일이다.

트립탄의 부작용이 보다 자세하게 밝혀질 때까지 기존의 두통약이 듣지 않는, 세계의 몇 억 명이나 되는 두통 환자들은 아픈 머리를 감싸 쥐고 조금 더 참을 수밖에 없을 듯하다.

PART 5

항생물질

세균을 죽이고 그 증식을 억제해
병의 근원을 뿌리뽑는다

5-1

항생물질

하늘이 준 약,
미생물이 생산하는
항생물질

일본인의 수명을 10년 연장시킨 항생물질

　　과거에 결핵은 죽을병이었다. 메이지 시대부터 쇼와 시대 전기에 걸쳐 국민의 영양 상태가 열악했던 일본에서는 결핵이 많은 젊은이들의 몸을 갉아먹고 생명을 빼앗아갔다. 당시 결핵은 오랫동안 사망 원인 제 1위를 차지하며 국민병이라고 불렸다.

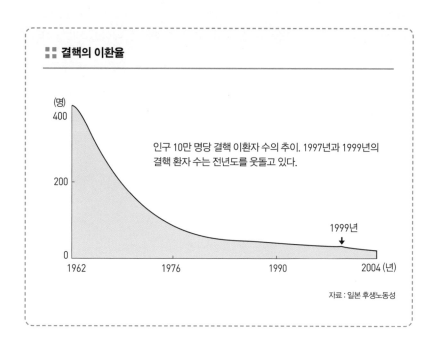

결핵의 이환율

(명)
400

인구 10만 명당 결핵 이환자 수의 추이. 1997년과 1999년의
결핵 환자 수는 전년도를 웃돌고 있다.

200

1999년
↓

0

1962   1976   1990   2004 (년)

자료 : 일본 후생노동성

그러나 오늘날 결핵은 적절한 치료만 하면 완치될 수 있는 병이다. 이렇게 된 데에는 바로 '항생물질'이 있었기 때문이다.

항생물질이란 세균을 죽이거나 그 증식을 억제하는 약이다. 결핵도 결핵균이라는 세균이 병원체이므로 항생물질로 제압할 수 있다. 결핵뿐 아니라 패혈증이나 폐렴, 적리, 장티푸스 등 과거에는 죽음과 직결되었던 다양한 세균 감염증에 대해서도 항생물질은 강력한 대항수단이 되었다.

항생물질의 효력은 일본인의 수명 변화에도 영향을 미쳤다. 메이지 시대 일본인의 평균 수명은 40~45세였고, 쇼와 시대에 들어와서도 제2차 세계대전(태평양 전쟁) 전까지는 50세에 미치지 못했다. 그런데 전후

5년이 지난 후 평균 수명이 순식간에 60세 가까이 늘어나게 된다. 이는 연합국 점령군의 지도 아래 급속하게 개선된 위생 환경과 영양 상태, 그리고 새로운 의료의 도입에 힘입은 바가 크다. 특히 항생물질의 보급은 엄청난 효력을 발휘했다.

페니실린, 세균학자의 위대한 발견

항생물질을 발견한 사람은 알렉산더 플레밍(Alexander Fleming)이라는 영국의 세균학자다. 1928년경, 플레밍은 포도구균을 배양해 균이 성장하는 모습을 관찰하고 있었다. 포도구균은 자연계의 어디에서나 존재하는 세균으로 건강한 사람의 피부나 입 속, 목 안에도 기생한다.

어느 날 플레밍이 배양접시 한 개를 꺼내자, 거기에 푸른곰팡이가 피어 있었다. 여느 과학자라면 실험이 실패했다고 여기고 배양접시의 내용물을 버리고 말았을 것이다. 그러나 예리한 관찰력을 가진 플레밍은 곰팡이 주위에 둥글게 세균이 없는 영역이 있다는 점을 깨달았다. 마치 곰팡이가 세균을 용해시킨 것처럼 보였다.

이 곰팡이가 세균을 죽였든가, 아님 성장을 저해하는 물질을 분비했을 것이라고 생각한 플레밍은 곰팡이를 배양하기 시작했다. 그러자 이 곰팡이의 주위에는 포도구균뿐 아니라 대표적인 병원체인 폐렴구균 등 다양한 연쇄구균들도 성장을 멈추었다. 이들 세균에 대항해 곰팡이

페니실린의 발견자 알렉산더 플레밍

포자

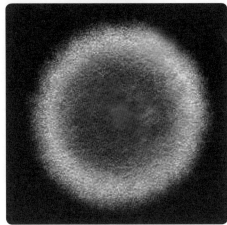

배양접시에 생긴 푸른곰팡이. 푸른곰팡이의 학명 페니실륨은 라틴어로 '솔(brush)'을 의미한다. 현미경으로 관찰하면 솔 모양의 곰팡이를 볼 수 있다.

사진 : 플레밍연구소

가 배출하는 물질이야말로 뒤에 '페니실린'이라고 부르게 될 항생물질이었던 것이다. 페니실린이라는 이름은 푸른곰팡이의 학명인 페니실륨(penicillium)에서 따온 것이다.

나중에 페니실린은 세균의 바깥쪽 벽(세포벽)에 작용한다는 점이 밝혀졌다. 대부분의 세균들은 그물눈 모양의 세포벽에 둘러싸여 있다. 세포벽을 만드는 것은 씨실 모양의 길이가 긴 분자 사슬로, 이런 것들이 몇 줄이나 나란히 늘어서 있다. 이런 씨실들은 날실을 이루는 짧은 분자의 사슬로 연결돼 있는데, 이와 같은 메커니즘에 의해 세포벽이 단단하게 만들어진다.

페니실린은 씨실들 사이에 날실을 연결하는 효소의 작용을 방해한다. 페니실린은 날실의 재료 분자와 비슷하기 때문에 효소가 페니실린을 날실의 재료로 오인하고 자신과 연결시킨다. 그런데 페니실린은 진짜 날실의 재료와는 달리, 일단 효소와 결합하면 두 번 다시 떨어지지 않는다. 따라서 효소는 날실을 씨실에 연결할 수 없게 되고, 그 결과 단단한 세포벽을 만들 수 없게 된 세균은 내부의 강한 압력에 의해 파괴돼 죽는다. 그러나 사람이나 동물의 세포는 세균과 달리 부드러운 지질막으로 둘러싸여 있으므로 페니실린 때문에 세포막이 파괴되는 일은 없다. 세균만 파괴되는 것이다.

이렇듯 강력한 항균 작용이 있다는 사실이 밝혀졌음에도 불구하고 페니실린은 플레밍의 발견 이후 약 10년이 지나도록 사람들의 주목을 받지 못했다. 제2차 세계대전 직전인 1937년에 이르러서야 비로소 다른 연구자들이 페니실린 등과 같은 항생물질을 연구하기 시작했다.

페니실린의 개발은 일본을 비롯해 세계 각국에서 이루어졌으며, 특히 구미에서는 이 연구개발에 막대한 자금을 투입했다. 그 배경이 된 것은 바로 전쟁이었다. 전쟁터에서는 군인들에게 세균 감염증이 만연하기 쉽고, 특히 지상전(地上戰)의 경우에는 감염증 치료의 성패가 바로 전쟁의 승부를 결정짓는 상황이 종종 발생하곤 했기 때문이다.

그러나 페니실린을 정제하는 데에는 매우 큰 어려움이 따랐다. 이는 페니실린이 쉽게 파괴되는 성질을 지녔고, 푸른곰팡이가 25도 이상이 되면 항생물질을 생산하지 않는 문제점이 있었기 때문이다. 따라서 항생물질이 실용화된 직후에는 이 약을 투여한 환자의 소변을 모아 거기에서 다시 페니실린을 추출해 정제량의 부족을 메울 정도였다. 그러한 시대를 거쳐 현재까지 3,000종 이상의 항생물질이 발견되었다.

세균은 왜 다른 세균을 죽이는 물질을 분비할까

항생물질이란 '곰팡이나 세균과 같은 미생물이 생산하며, 또한 미생물에 대항하는 성질을 가진 물질'이라고 정의한다. 그러나 현재는 동물이나 식물로부터 발견된 그와 같은 성질을 지닌 물질도 항생물질이라고 부른다.

세균을 죽이는 약에는 생물이 분비한 항생물질을 일부 변화시킨 반(半)합성 약이나 처음부터 화학적으로 합성한 약도 있다. 전문가들은 화학적으로 합성된 약을 합성 항균제라고 부른다. 그러나 일반적으로 이들 모두를 항생물질이라고 부른다. 즉 합성 항균제, 항생제, 항생물질 등 이름이 다소 다르더라도 모두 항생물질과 같은 성질을 지니고 있다.

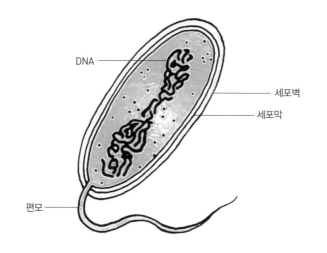

:: 세균의 세포

DNA

세포벽

세포막

편모

세균의 세포는 동물의 세포와 달리 세포막의 바깥쪽에 세포벽이 있으며,
세포 내부의 DNA가 핵에 둘러싸여 있지 않다는 특징을 지닌다.

대부분의 항생물질은 흙 속에 살고 있는 세균에서 발견한 것이다. 예로부터 전해져오는 민간요법에는 종기가 생겼을 때 흙을 바르거나 붙이는 방법이 있는데, 이는 토양세포가 방출하는 물질의 항균 작용을 이용한 방법이라고 할 수 있다. 일본을 통일하고 에도막부 시대를 연 도쿠가와 이에야스(德川 二)가 등에 생긴 부스럼이 좀처럼 낫지 않아 '종기에 잘 듣는 흙'을 문질러 발랐더니 고름이 나오고 나았다는 기록도 남아 있다. 그러나 흙 속에는 잡균이 많기 때문에 함부로 흙을 상처 부위에 발랐다가는 더 심각한 감염증으로 발전할 위험도 있다.

그렇다면 미생물은 어째서 이 같은 능력을 지니게 된 걸까?

예를 들어 토양에는 다양한 종류의 세균이 번식하고 있다. 그러나 만일 이들 중 한 세균만 과도하게 번식한다면 다른 세균들은 영양을 모두 빼앗겨 죽게 된다.

그러므로 세균은 자신의 주변에 있는 다른 세균들을 없애기 위해 각각 독자적인 화학물질(항생물질)을 분비한다. 이렇듯 많은 미생물들이 같은 장소에서 서로 영양을 빼앗으려 다투면서 균형을 이루고 있는 현상을 '길항 작용'이라고 한다.

현재 의료 현장에서는 수십 종의 항생물질이 사용되고 있다. 그중에는 페니실린처럼 세균의 세포벽 형성을 방해하는 물질도 있고, 그 밖에 세포막을 녹이는 물질, 단백질 합성을 막아 세포 증식을 억제하는 물질, 유전자 DNA 합성을 막는 물질 등도 있다.

항생물질은 그 종류에 따라 치료 대상이 되는 세균의 종류가 달라진다. 즉 세균 감염증이라고 해서 아무 항생물질이나 사용한다면 치료가 제대로 이루어지지 않는다. 또 함부로 항생물질을 남용하면 '내성'이 생기는 심각한 문제가 발생하게 된다.

5-2

항생물질

항생물질을
오래 사용하면
듣지 않는 이유

항생물질의 공격에서 살아남은 세균의 출현

내성(저항력)은 항생물질에 따라붙는 가장 골치 아픈 문제다. 즉 세균에 대항해 같은 항생물질을 계속 사용하면 세균이 이에 대항하는 능력, 즉 내성을 갖게 된다는 것이다.

최근 매스컴 등에 자주 '원내 감염(병원 감염)'이라든가 'MRSA'라는

말이 등장한다. 원내 감염이란 병원 안에서 세균
이나 바이러스에 감염된다는 것을 일컫는 말이다.
원내 감염 중에서도 특히 문제가 되고 있는 것이
MRSA(methicillin-resistant staphylococcus aureus,
메티실린 내성 황색 포도구균)의 감염이다. 식중독을
일으키는 세균으로 알려진 황색 포도구균은 보통 사람의 모발이나 피
부 등에 존재하지만, 건강한 사람의 경우에는 이 세균의 영향을 전혀
받지 않는다. 그러나 병원 등에서 면역력이 저하된 환자의 경우에는 포
도구균이 몸속에서 번식해 폐렴이나 수막염, 패혈증 등을 일으키고,
심한 경우에는 사망하는 수도 있다. MRSA는 이 황색 포도구균*이 메
티실린이라는 항생물질에 내성을 갖게 된 세균이다. 이렇게 '내성균'으
로 바뀐 포도구균은 메티실린뿐만 아니라 다양한 항생물질에 내성을
보이게 된다. 따라서 일단 MRSA에 감염되면 항생물질로 감염증을 치
료하는 것이 어려워진다.

이 같은 내성을 가진 포도구균에 대해서는 반코마이신(vancomycin)
과 같은 소수의 항생물질만이 살균력을 발휘한다. 그러나 뒤에서 자세
히 언급하겠지만, 이 반코마이신 역시 지금은 그 약효의 저하가 우려되
고 있는 실정이다.

내성균이 확대되고 있는 것은 비단 MRSA뿐만이 아니다. 최근에는
항생물질에 내성을 가진 결핵균도 증가하고 있어, 이미 소멸됐다고 여
겨졌던 결핵 감염이 다시금 확대 추세를 보이고 있다.

＊ 황색 포도구균
구강이나 장내, 피부 등에 널리
분포하는 세균으로, 상처를 화농
시키거나 중이염, 결막염을 일으
키는 화농균 중 하나다. 현미경
으로 관찰하면 포도송이처럼 무
리지어 있다.

고령자에게 폐렴을 일으키는 폐렴구균도 페니실린에 대해 강한 내성을 지닌 것이 20% 정도 늘어난 것으로 추정되고 있다. 이 폐렴구균은 어린이 중이염도 일으켜, 최근 소아과에서는 난치성 중이염이 눈에 띄게 늘고 있다는 보고도 있다.

사실 내성 문제는 항생물질이 발견된 직후부터 발생했다. 1940년대 초에 페니실린이 듣지 않는 세균이 등장했던 것이다. 이 세균이 분비하는 효소 페니실리나아제(penicillinase)는 페니실린 구조의 일부, 즉 세균에 작용하는 부분을 변화시켜 그 효력을 상실시킨다.

그리고 얼마 지나지 않아 페니실린뿐만 아니라 다른 항생물질에도 내성을 가진 세균이 차례로 등장했다. 이에 따라 내성균에 대항하기 위해, 구조적으로 잘 변화하지 않고 세균이 분비하는 효소의 영향을 잘 받지 않는 구조의 항생물질이 합성되었다.

그러나 이들 항생물질에 대해서도 곧바로 내성을 가진 세균이 등장했다. 실제로 병원에서 새로운 항생물질을 사용하기 시작하면 불과 몇 개월 내에 그 약이 더는 듣지 않는 내성균이 출현한다고 한다.

세균의 내성이 확산되는 원리

＊돌연변이
유전자를 만드는 DNA 염기의 배열방법이나 수가 변화한 것을 가리킨다.

세균의 내성은 처음에는 유전자의 돌연변이＊에 의해 일어난다. 세균의 증식 속도는 매우 빨라 대부

▪▪ 내성균의 확산

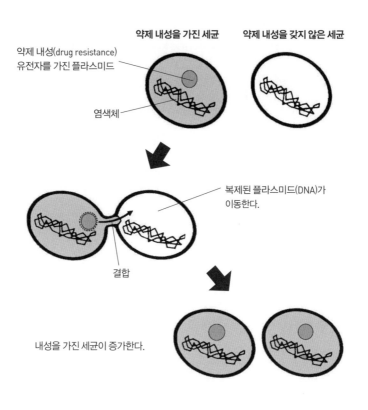

약제 내성을 가진 세균

약제 내성을 갖지 않은 세균

약제 내성(drug resistance)
유전자를 가진 플라스미드

염색체

복제된 플라스미드(DNA)가
이동한다.

결합

내성을 가진 세균이 증가한다.

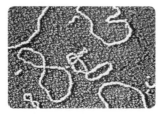

염색체 이외에 세균이 가진 작은 고리 모양
의 DNA '플라스미드'. 다른 세균에게 약제
내성 능력을 전해 주는 경우도 있다.

분 불과 30분 내에 분열해 그 수가 2배로 늘어난다. 이를 단순 계산하면 1개의 세균은 10시간 후에 100만 개, 하루 뒤에는 100조 개 이상으로 증식하게 된다. 또 세균의 유전자는 변이를 일으키기 쉬워 분열·증식하는 과정에서 세균의 성질이 점차 변화한다. 이렇게 증식한 세균 중에 1개라도 항생물질에 저항력을 가진 세균이 나타나면, 항생물질을 투여했을 때 대부분의 세균은 죽어도 그 세균만은 살아남아 증식하게 된다.

더욱 골치 아픈 것은 1개의 세균이 내성을 갖게 되면, 이 세균이 분열·증식해 숫자가 늘어날 뿐만 아니라 내성이 단시간에 다른 세균 전체로 퍼지게 된다. 그 이유는 세균에게는 다른 세균에게 마치 전염병처럼 '내성을 확산시키는 일'이 가능하기 때문이다.

세균은 내부의 핵에 유전자 물질인 DNA를 갖고 있지만, 이 이외에도 작은 DNA 고리를 갖고 있다. '플라스미드(plasmid)'라고 부르는 이 DNA 고리는 세균끼리 접촉해 유전자를 교환(접합)할 때 세균에서 세균으로 전해진다. 이때 만일 항생물질에 내성을 보이는 내성 유전자가 플라스미드에 있다면, 이 플라스미드를 전해 받은 다른 세균 역시 같은 내성을 갖게 된다.

세균이 내성을 퍼뜨리는 메커니즘은 이 밖에 또 있다. 바로 '트랜스포존(transposon)'이라는 유전자군(群)에 의한 것이다. 트랜스포존상(上)에 있는 유전자는 '점프하는 유전자(도약 유전자)'라는 이름처럼 DNA가 원래 있던 장소에서 자유롭게 다른 장소로 옮아가는 성질을 지니고 있으며, 특히 세균끼리 접합할 때는 상대 세균의 DNA로도 이동할 수 있다.

██ 세균에 감염된 바이러스 박테리오파지

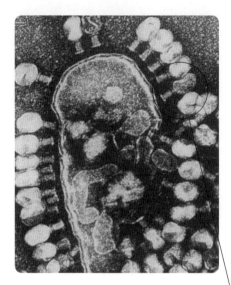

바이러스의 일종인 박테리오파지(bacteriophage)는 자신의 DNA를 세균의 세포에 주입시켜 세포를 탈취한다. 사진은 세균을 공격하는 박테리오파지의 모습(세포를 둘러싸듯이 하얗게 보인다).

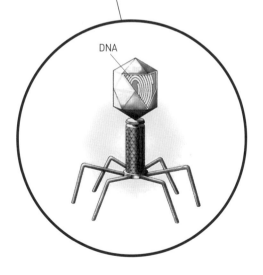

DNA

또한 세균에 감염된 바이러스 박테리오파지가 내성 유전자를 매개하는 경우도 있다. 내성 유전자는 이렇듯 다양한 방법을 통해 다른 세균으로 퍼져간다. 게다가 내성은 같은 종류의 세균끼리뿐만 아니라 다른 종류의 세균에게도 퍼진다. 예를 들어, 포도구균이 내성을 갖게 되면, 이 세균의 주위에 우연히 있었던 용련균＊도 내성을 가질 가능성이 있다.

현재 항생물질은 의료 현장에서 아주 일상적으로 사용된다. 바이러스성 감기에 걸려도 환자가 의사에게 항생물질의 처방을 요구하는 경우가 적지 않다. 의사도 세균 감염이 조금이라도 의심되거나 폐렴일 가능성이 있는 경우에는 감염 여부를 검사하기 전에 항생물질을 처방하는 일이 다반사로 이루어진다.

그러나 이는 내성균을 확산시키는 원인 중 하나가 되고 있다. 사람의 몸속에는 수없이 많은 무해한 세균이 살고 있는데, 항생물질을 자주 사용하면 이런 세균들이 곧바로 내성을 갖게 된다. 그런 상태에서 용련균이나 결핵균과 같은 병원체에 감염되면, 이들은 처음에는 내성균이 아니었더라도 몸속의 내성균에게 내성 유전자를 전달받게 된다.

이렇게 항생물질이 듣지 않게 된 세균 감염증은 더 이상 환자의 몸속에서 제압할 수 없게 될 뿐만 아니라 주위 사람들에게로 확산될 가능성이 점차 높아지게 되는 것이다.

5-3

항생물질

항생물질과
내성균의
끝없는 전쟁

반코마이신에 내성을 가진 세균 출현

　내성균에 대한 비장의 카드로 등장한 것이 반코마이신이었다. 1954
년에 발견된 이 항생물질은 세포벽의 재료 분자와 직접 결합해 세포벽
의 형성을 방해하고 세균 증식을 저지한다. 또한 단백질의 합성에 필요
한 분자의 생성도 막는다. 반코마이신은 거의 모든 항생물질에 내성을

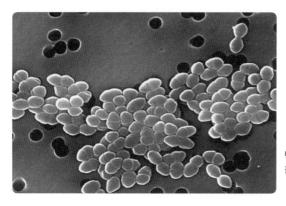

반코마이신(항생물질)에 내성
을 지닌 세균(VRE).
사진 : 미국 질병통제센터(CDC)

가진 MRSA에 대한 특효약으로 간주돼 왔다.

그런데 1987년 마침내 이 반코마이신에도 내성을 가진 세균이 출현
했다. 이 세균은 사람의 장 속에 살고 있는 장구균으로, 이 같은 반코
마이신 내성 장구균을 줄여 'VRE(vancomycin-resistant enterococcus)'
라고 한다.

VRE는 여타의 내성균과 세포벽 재료 분자의 구조가 조금 달라 반코
마이신이 결합하기 어렵다. VRE의 출현은 유럽의 축산업자가 식용으
로 기르는 가축에 반코마이신과 비슷한 항생물질(일본에서는 사용하지 않
는다)을 마구 투여한 결과라고 알려져 있다. 장구균 자체는 그다지 유
해성이 높지 않은 세균으로 보통 감염되어도 거의 발병하지 않는다. 그
러나 고령자나 병을 앓거나 약물 사용 등으로 면역력이 저하된 사람의
경우에는 심각한 증상을 나타낸다.

미국 질병통제센터(CDC)에 따르면, 미국에서는 장구균 중 반코마이
신에 내성을 가진 균(VRE)의 비율이 1989년에는 0.3%였지만, 4년 뒤

에는 8%, 1996년에는 10%로 높아졌다고 한다. 또 VRE 감염증에 걸린 환자의 사망률은 70% 이상이라고 보고돼, 원내 감염이 발생했을 경우에는 매우 심각한 상황이 벌어진다. 일본에서도 1996년에 처음으로 VRE의 출현이 보고되었고, 2002년에는 기타큐슈(北九州) 시의 병원에서 감염자 35명 중 18명이 사망하는 일이 발생했다.

골치 아프게도, 반코마이신의 내성 유전자 중 하나는 플라스미드의 트랜스포존상에 놓여 있다. 앞에서 말한 것처럼 플라스미드는 쉽게 다른 세포로 전달되고, 트랜스포존도 DNA에서 DNA로 이동하는 성질을 갖고 있다. 이미 VRE에서 황색 포도구균으로 내성 유전자가 전해졌다고 보이는 사례도 보고되는 등 머지않아 병원성이 한층 더 높은 세균이 반코마이신에 대한 내성을 지니게 될 것으로 예상되고 있다.

리네졸리드에 내성을 가진 슈퍼 세균 발견

2000년에는 반코마이신에 내성을 가진 세균(VRE)도 죽일 수 있는 리네졸리드(linezolid)라는 항생물질이 개발되었다. 리네졸리드는 세균이 단백질을 전혀 합성할 수 없도록 하는 강력한 약이다. 그러나 등장한 지 1년 뒤에는 이 새로운 항생물질에 대해서도 내성을 가진 세균이 발견되었다.

항생물질 연구의 제일인자였던 우메자와 하마오(梅澤浜夫, 1914~86

✳ 우메자와 하마오
1950~60년대에 결핵치료제 카나마이신(kanamycin)과 암 치료 효과가 있는 항생물질을 발견한 미생물학자.

년)[*]는 "과학은 내성균과 경쟁을 벌이고 있지만, 과학 쪽이 내성균보다 훨씬 앞서 달리고 있다"고 말한 적이 있다. 그는 암에 효과적인 항생물질을 세계 최초로 개발한 사람으로도 잘 알려져 있다. 그러나 우메자와 하오미의 말과는 달리 현실은 세균이 변이하는 놀라운 속도를 항생물질이 추월하는 일이 점점 더 힘들어지고 있다.

PART 6
당뇨병 치료제

원인도 대처법도 다른
'Ⅰ형 당뇨병'과 'Ⅱ형 당뇨병'

6-1

당뇨병 치료제

혈당치의 상승이
불러일으키는
변이의 메커니즘

당뇨병은 대표적인 국민병

목이 자주 마른 사람, 빈번하게 화장실에 가는 사람, 몸이 나른한 사람, 성관계를 가지려 해도 발기가 되지 않는 남성 등은 당뇨병일 가능성이 있다. 그것도 당뇨병으로 이행할 가능성이 높은 '예비군'이 아니라 본격적인 당뇨병 환자일지도 모른다.

만일 때때로 시야가 흐릿하게 보인다든가, 몸이 심하게 노곤해 일상생활이 힘들다든가, 최근 들어 특별한 이유 없이 살이 빠졌다면 당뇨병이 꽤 심각하게 진행되고 있을 가능성도 있다. 서둘러 치

료하지 않으면 머지않아 시력을 잃고, 심각한 감염증에 걸려 한쪽 다리에 이어 양쪽 다리까지 절단하는 비참한 과정을 거쳐 죽음에 이를 수도 있다.

일본의 당뇨병 환자 수는 다양한 생활습관병[＊] 환자 중에서도 특히 눈에 띌 정도로 두드러진다. 현재 인구 1억 2,700만 명 중 당뇨병 환자와 당뇨병 예비군을 합치면 그 수는 최대 1,600만 명에 이를 것으로 추정된다. 성인 6명 중 1명 이상으로, 대표적인 국민병이라고 불러도 손색이 없을 정도다.

당뇨병은 몸이 혈액 속의 포도당(글루코오스)의 양을 적절하게 조절할 수 없기 때문에 혈액 속에 당이 과도하게 존재하는 상태다. 이는 췌장이 분비하는 호르몬 인슐린이 부족하든가, 아니면 가령 인슐린이 생성된다 해도 이것이 정상적으로 기능하지 않아서 발생하는 질병이다.

인슐린은 몸속 포도당의 양을 조절하는 열쇠

사람은 여러 가지 음식물을 소화하고 이를 통해 영양을 섭취하지만,

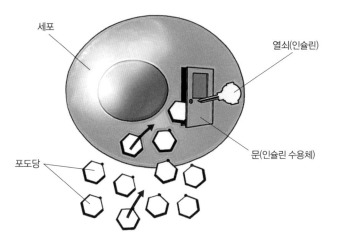

인슐린은 세포가 포도당을 흡수할 때 세포의 문을 여는 열쇠 역할을 한다. Ⅰ형 당뇨병은
이 열쇠를 만들 수 없는 상태, Ⅱ형 당뇨병은 만든 열쇠의 수가 부족하거나 열쇠가 있어도
별 도움이 안 되는 상태라고 할 수 있다.

그중에서도 중요한 것이 포도당이다. 밥이나 국수류 등에 많이 들어 있
는 탄수화물은 분해되면 포도당으로 바뀌고 소장에서 흡수돼 혈액 속
으로 들어간다. 이렇게 혈액 속의 포도당이 일시적으로 늘어나도 이것
은 곧바로 온몸의 세포에 흡수돼 몸을 움직이거나 열을 내면 에너지로
바뀐다. 이때 세포가 포도당을 흡수하는 데 결정적인 역할을 하는 물
질이 인슐린이다.

세포의 표면에는 세포의 에너지원인 포도당을 흡수하기 위한 '문'이
있는데, 평상시에 이 문은 닫혀 있다. 그러나 식사를 통해 혈액 속의 포

도당 양이 늘어나면(혈당이 상승하면), 곧바로 췌장 속의 랑게르한스섬(Langerhans islets)에 있는 베타세포(췌장 베타세포)에서 혈액 속으로 인슐린이 방출된다. 그리고 이 인슐린이 세포의 표면에 있는 인슐린 수용체라 부르는 단백질과 결합하면, 열쇠 구멍에

＊ 글리코겐
다수의 포도당이 모여 생긴 다당류로 동물이 여분의 포도당을 몸속에 저장하는 수단이다. 간이나 근육에 축적된 글리코겐은 몸속의 포도당이 부족하면 다시 포도당으로 바뀌어 에너지원으로 사용된다.

열쇠를 끼우듯이 문이 열리고 혈액 속에 녹아 있는 포도당이 세포 속으로 흡수된다.

또 인슐린은 간에 축적된 포도당을 필요에 따라 몸속에 방출하거나, 세포 안에서 포도당을 글리코겐(glycogen)*이나 중성지방으로 바꾸는 과정에도 관여한다. 즉 인슐린은 생물이 살아가는 데 없어서는 안 되는 중요한 호르몬이다.

포도당 과잉 상태가 지속되면 혈관장애 초래

그런데 어떠한 이유로 인슐린이 췌장의 베타세포에서 분비되지 않거나 분비되어도 더 이상 정상적인 기능을 하지 못하면, 세포에 흡수되지 못하고 혈액 속에 다량 쌓인 포도당이 온몸의 조직이나 장기에 다양한 장애를 일으킨다.

포도당 과잉 상태가 지속되면 혈관에 콜레스테롤이 쌓이거나 모세혈관이 약해져 뇌경색 등과 같은 혈관장애를 일으킨다. 혈관장애는 망

막의 모세혈관을 출혈시켜 실명을 야기할 가능성이 높다. 일본에서 중
년 이후의 사람들에게 일어나는 실명은 대개 당뇨병에 의한 합병증(당
뇨병성 망막증)이 그 원인이다.

고혈당이 오래되면 심각한 합병증 유발

고혈당은 신장에도 해를 끼친다. 신장 속에서 혈액을 여과해 소변을

만드는 조직(사구체)에는 모세혈관이 빽빽하게 들어차 있다. 고혈당 상태가 계속되면 이들 모세혈관의 벽이 두꺼워져 점차 혈액을 여과할 능력을 상실하게 된다. 그리고 이런 상태가 더욱 심해지면 마침내는 신부전으로 발전해 신장이식을 받든가, 인공투석 장치를 사용해 몸 밖에서 혈액을 여과하지 않는 한 생명을 연장할 수 없게 된다.

고혈당이 오래 지속되면 이와 같은 심각한 합병증에 걸리는 동시에 온몸에 권태감이나 피로감이 심해진다. 그리고 식사를 해도 몸이 영양을 흡수하지 못하기 때문에 체중이 급격하게 감소하고, 영양 부족 상태를 메우기 위해 몸이 간에 축적돼 있는 포도당을 방출하는 악순환이 시작된다. 말기에 이르면 환자는 점차 의식이 몽롱해지다 심한 졸음이 엄습해 오고 최후에는 혼수상태에 빠져 죽게 된다.

한국인은 Ⅱ형 당뇨에 걸리기 쉽다

당뇨병에는 주로 두 가지 타입, 즉 Ⅰ형 당뇨병과 Ⅱ형 당뇨병이 있는데, 한국인 및 일본인 환자의 대부분(약 95%)은 Ⅱ형*이다. Ⅱ형 당뇨병은 인슐린을 분비하기는 하지만, 그 양이나 기능이 불충분하기 때문에 혈당치가 올라가는 것이다.

대부분의 당뇨병은 칼로리를 과잉 섭취해 온

*
한국인과 일본인을 포함한 몽골로이드(동아시아계 인종)는 Ⅱ형 당뇨병에 걸리기 쉽다고 알려져 있다. 그 이유로는 일반적으로 인슐린 분비능력이 구미의 백인보다 떨어지고, 기아(飢餓)에 강한 유전적 요인을 가졌기 때문인 것으로 보인다.

중년 이후의 연령층에서 발병하지만, 최근에는 과식이나 운동 부족으로 인해 젊은 층이나 아동에게서도 발병하는 추세다.

Ⅱ형 당뇨병 역시 그대로 방치하면, 앞에서 본 것처럼 심각한 결과를 초래한다. 그러나 환자 스스로가 충분한 자각과 자제심, 그리고 행동력으로 증상이 더 이상 진전되지 않도록 조절할 수만 있다면 적어도 그 이상의 진행은 막을 수 있다.

그러나 이것은 누구나 쉽게 실천할 수 있는 일이 아니다. 당뇨병에 걸린 사람에게는 일종의 공통된 심리가 작용하기 때문이다. 즉 의사에게 고혈당이라든가 당뇨병 상태라는 말을 들어도 이를 곧이곧대로 받아들이려 하지 않는 경향이 있다. 그 이유는 아마도 당뇨병에는 어디서부터 심각하다는 분명한 경계선이 없기 때문에 많은 사람들이 자신의 상

■■ Ⅱ형 당뇨병에 걸리기 쉬운 사람

• 연령이 45세 이상이다.
• 비만이다. BMI 수치(체중kg ÷ 신장m ÷ 신장m)가 25 이상이다.
• 유전적 요인이 있다(가족 중 당뇨병에 걸린 사람이 있다).
• 식생활이 불규칙하다(폭식, 폭음 등).
• 혈압 또는 혈당치가 정상 수치보다 높다.
• 임신 중 당뇨병에 걸렸거나 4kg 이상의 아이를 출산했다.
• 운동 부족이다.
• 스트레스가 많다.

자료 : 미국 당뇨병정보센터, 미국 국립위생연구소 외

태를 본격적인 당뇨병으로 들어서기 이전 단계인 경계영역에 언제까지나 두고 싶어하기 때문일 것이다.

하지만 이런 마음 자세로는 치료에 대한 군건한 결의도 행동력도 생기지 않으며, 증상이 점점 악화돼 실명이나 괴저가 일어나기 시작하고 나서야 비로소 병의 심각성을 깨닫게 된다.

이처럼 생활습관병의 전형을 보이는 Ⅱ형 당뇨병에 반해, 나머지 5%를 차지하는 Ⅰ형 당뇨병은 유전 또는 어떤 후천적인 요인에 의해 랑게르한스섬의 베타세포가 인슐린을 생산하는 기능을 잃어버렸기 때문에 발병한다. Ⅰ형 당뇨병 환자의 췌장에는 인슐린 생산능력이 전혀 없기 때문에 외부에서 인슐린을 계속 투여하는 방법 이외에 환자가 생존할 수 있는 방법은 없다. 인슐린이 발견되기까지 당뇨병이 문자 그대로 죽음의 병이었다는 사실은 바로 이런 이유 때문이다.

인류 역사상 오랜 옛날부터 기록이 남아 있는 당뇨병

당뇨병의 존재는 아주 오랜 옛날부터 알려져 있었으며, 기원전 1,500년경 고대 이집트의 파피루스 문서에도 '다량의 소변을 내는 병'이라는 기술이 나온다. 같은 무렵 인도의 기록에도 "어떤 사람들의 소변은 파리와 같은 벌레가 꼬인다"라고 적혀 있다. 이런 기록들은 모두 당뇨병의 특징을 잘 보여 준다.

기원 1세기 터키 카파도키아(Cappadocia)＊의 의사 아레타우스의 기술은 보다 구체적이다. 당뇨병의 영어명인 'diabetes'의 어원인 '디아베테스'의 명명자이기도 한 그는 이렇게 기술했다.

"디아베테스는 무서운 질병으로 살이나 팔다리가 소변으로 녹아 나온다. 환자는 소변을 자주 보며, 소변줄기는 마치 수도꼭지 같다. 그들의 남은 목숨은 짧고 고통으로 가득 차 있다."

일본에서는 헤이안 시대의 귀족으로 후지와라 가문의 절정기를 구축한 후지와라 미치나가(藤原道長)가 당뇨병으로 사망한 것으로 보인다. 미식가인 그는 섭정을 할 무렵부터 끊임없이 갈증을 느끼고 물을 많이 마셨으며, 점차 쇠약해졌다. 그 후 그는 시력이 떨어지고 피부병에도 걸려 고통스러워하면서 죽어갔다고 한다. 또한 전 세계적으로도 당뇨병으로 사망한 것으로 추정되는 역사상의 인물들은 결코 적지 않다.

즉 고대 이집트나 인도 이래 3,000년 이상 동안, 인류는 당뇨병에 대해 속수무책이었다. 이 같은 상황이 돌변한 것은 20세기 들어서의 일이었다.

:: 당뇨병의 합병증

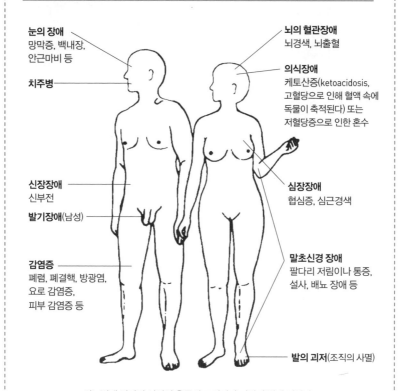

눈의 장애
망막증, 백내장,
안근마비 등

치주병

신장장애
신부전

발기장애(남성)

감염증
폐렴, 폐결핵, 방광염,
요로 감염증,
피부 감염증 등

뇌의 혈관장애
뇌경색, 뇌출혈

의식장애
케토산증(ketoacidosis,
고혈당으로 인해 혈액 속에
독물이 축적된다) 또는
저혈당증으로 인한 혼수

심장장애
협심증, 심근경색

말초신경 장애
팔다리 저림이나 통증,
설사, 배뇨 장애 등

발의 괴저(조직의 사멸)

당뇨병에 걸리면 서서히 온몸의 조직이나 기관이 병에 걸린다.

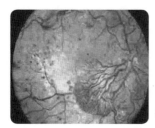

당뇨병성 망막증에 걸린 안저(眼底).

6-2

당뇨병 치료제

당뇨병을
완치할 수 있는
방법은 없을까

인슐린 발견 일화의 빛과 그림자

20세기 최고의 의학적 업적 중 하나인 인슐린의 발견은 마치 드라마 그 자체였다. 인슐린의 발견자인 캐나다의 의사 프레데릭 밴팅(Frederick Banting)과 그의 조수 찰스 베스트(Charles Best)의 이야기를 담은 책이 몇 권이나 출간되었을 정도다.

당뇨병이 췌장과 깊은 관련이 있을 것이라는 점은 이미 19세기 말에 밝혀졌다. 1889년에 독일의 의사 요제프 폰 메링(Joseph von Mehring)과 오스카 민코프스키(Oskar Minkowski)가 개의 췌장을 적출한 후, 그 개가 자주 배뇨를 한다는 사실을 발견했다. 빈번한 배뇨는 당뇨병의 증상 중 하나다. 이에 의문을 느낀 그들은 개의 소변을 맛보고 개가 당뇨병에 걸렸다는 사실을 확인했다. 그리고 췌

인슐린의 발견자 프레데릭 밴팅(우)과 찰스 베스트, 그리고 실험대상이 된 기르던 개.

장을 잃은 동물은 당뇨병을 일으킨다는 점과 췌장에서 분비되는 어떤 물질이 당뇨병의 발병을 억제하는 듯하다고 추측했다.

이후 전 세계의 연구자들이 이 물질의 정체를 규명하기 위해 매달렸지만, 그 누구도 실마리를 잡지 못했다.

그러던 중 1920년 캐나다에서 새로운 움직임이 나타났다. 그해 토론토 대학에서 의학 공부를 마친 밴팅은 토론토 근교에 있는 런던 시에서 성형외과 병원을 개업했다. 그러나 병원 경영의 부진으로 그의 약혼자조차 변심하고 그의 곁을 떠나는 처지가 되고 말았다. 할 수 없이 밴팅은 생계를 위해 지방의 대학 조수 겸 강사 자리를 얻어 당뇨병학의 강좌를 맡게 되었다. 그리고 이를 위해 다양한 문헌들을 찾아 읽는 동안

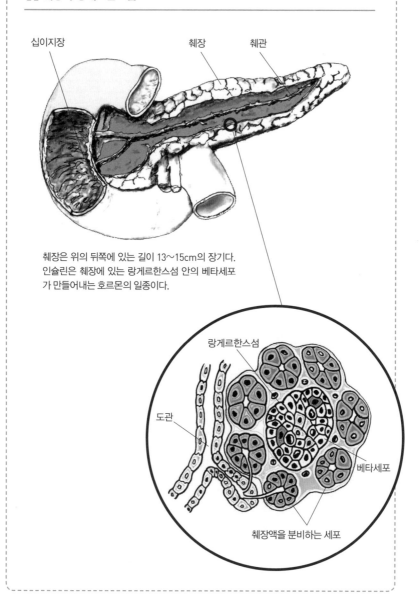

▪▪ 췌장과 랑게르한스섬

십이지장

췌장

췌관

췌장은 위의 뒤쪽에 있는 길이 13~15cm의 장기다.
인슐린은 췌장에 있는 랑게르한스섬 안의 베타세포
가 만들어내는 호르몬의 일종이다.

랑게르한스섬

도관

베타세포

췌장액을 분비하는 세포

에 모제스 바론이라는 연구자가 쓴 한 편의 논문에 주목하게 된다. 거기에는 다음과 같은 사실이 적혀 있었다.

"(개의) 췌장에서 십이지장으로 소화액을 보내는 췌관을 묶어도 개는 당뇨병에 걸리지 않는다. 따라서 소화액을 만드는 췌장의 세포와는 별개의 장소에서 만들어지는 어떤 물질이 당뇨병의 발병을 막은 것으로 보인다."

이 논문을 읽은 밴팅의 뇌리에 불현듯 떠오르는 것이 있었다. 췌장에는 보통 췌장 세포 속에 섬처럼 떠 있는 세포군(群) '랑게르한스섬'이 있다. 이 세포군은 19세기 중반에 독일 병리학자 폴 랑게르한스(Paul Langerhans)가 발견한 것이다. 밴팅은 다음과 같이 생각했다. '당뇨병의 발병을 막는 물질은 랑게르한스섬에서 나오는 것이 틀림없다. 그러나 그 물질이 검출되지 않는 이유는 췌장이 만들어내는 소화효소가 그 물질을 분해하기 때문일 것이다'라고.

그는 당장 토론토 대학 교수이자 탄수화물 대사 연구의 권위자인 존 맥클리오드(John Macleod)에게 의뢰해 지금까지 그 누구도 성공한 적이 없었던 랑게르한스섬 추출 실험에 대한 허가를 받고자 했다. 그러나 맥클리오드는 일개 개업의에 지나지 않는 밴팅의 부탁을 진지하게 상대해주지 않았다. 하지만 그의 열성에 못 이겨 여름 휴가 동안만 자신의 조수인 찰스 베스트의 도움을 받아 실험을 해도 좋다고 허가한다.

이렇게 밴팅과 베스트는 실험동물이 아닌 그들의 친구였던 몇 마리나 되는 개의 목숨을 희생양으로 삼은 끝에 드디어 개의 췌장에서 랑게르한스섬 세포를 추출하는 데 성공한다. 그리고 당뇨병에 걸린 개에게 그 추출액을 주사하고 혈당치가 눈에 띄게 내려가는 모습을 확인하기에 이른다. 밴팅은 이 물질을 '아일레틴(isletin)'이라고 이름 붙였다. 이물질은 후에 이 연구에 합류한 맥클리오드에 의해 라틴어로 바뀌어 '인슐린'이란 이름으로 불리게 되었다.

얼마 후 연구팀에 생화학자 제임스 콜립도 합류한다. 그리고 1922년 1월 당뇨병을 앓고 있던 14살 소년 레널드 톰프슨은 콜립이 정제한 고순도의 인슐린 주사를 맞고 혈당치가 놀라울 정도로 내려가게 된다.

'당뇨병의 특효약이 발견되다!'

이 뉴스는 전 세계에 전해져, 토론토 대학 캠퍼스가 치료를 희망하는 당뇨병 환자들의 텐트로 가득 차게 되는 사태까지 벌어졌다.

그러나 이 무렵부터 연구팀에서 불협화음이 불거져 나왔다. 의사지만 풋내기 연구자로 학회에서 능숙한 보고를 하지 못한 밴팅 대신 나선 맥클리오드가 주역이 된 듯한 분위기가 형성되었기 때문이다. 맥클리오드는 공정한 사람이기에 인슐린의 발견이 오로지 밴팅과 베스트의 공헌으로 이루어졌다는 사실을 신문 등에 밝혔음에도 밴팅과 베스트는 그저 맥클리오드의 조수처럼 비춰졌던 것이다.

게다가 콜립이 인슐린 정제법의 특허를 독점하려고 정제 방법을 알려주지 않았기에 비위가 상한 밴팅이 그에게 폭력을 휘두르는 사태까지 벌어졌다.

1923년 밴팅은 캐나다인으로서는 최초로 노벨 생리학상을 수상했지만, 맥클리오드가 공동으로 수상한다는 사실을 알고 분노를 금치 못했다. 결국 맥클리오드는 밴팅의 심한 비난을 참지 못하고 대학 교수직을 사직한다. 그러나 후에 밴팅 역시 인슐린 특허를 단돈 1달러에 토론토 대학에 양도하고 연구계에서 물러났고, 그 이후 몇 백만 명이나 되는 사람들의 생명을 구하게 된 인슐린의 발견 일화를 결코 입에 올리는 일 없이 세상을 떠났다.

밴팅의 비판에 견디지 못하고 대학 교수직을 사임한 존 맥클리오드.

　밴팅과 베스트의 발견으로부터 얼마 되지 않아 인슐린은 미국의 대형 제약회사 일라이릴리사에 의해 대량생산되었으며, 이로 인해 적어도 인슐린 투여를 받는 한 인슐린 때문에 죽는 일은 없어졌다.

　오늘날 인슐린은 인간 인슐린 유전자를 주입한 대장균에 의해 저렴한 가격에 대량생산되어 누구나 이용할 수 있게 되었다. 이 물질은 대장균이 급속하게 증식하는 덕분에 지금은 모든 단백질 약품 중에서도 가장 많이 생산되고 소비되는 약품이 되었다.

인슐린을 뛰어넘는 당뇨병 치료제의 개발 가능성

　인슐린은 본래 몸속에서 포도당을 에너지로 바꾸는 화학반응(대사)을 활성화하기 위해 생산되는 물질로, 건강한 사람이라면 따로 인슐린

혈당치가 급격하게 내려가면 졸음, 식은땀, 동계(動悸, 심장 박동이 심해 가슴이 울렁거리는 증상) 등의 증상이 나타나고, 의식혼탁 상태에 빠지는 경우가 있다. 이 같은 위급 증상이 나타났다면 사탕이나 엿, 주스처럼 당분을 즉시 흡수할 수 있는 음식물을 섭취할 필요가 있다.

을 보충할 필요가 없다. 인슐린 투여는 말하자면 당뇨병에 걸린 사람들을 위한, 겉으로 드러난 증상만을 완화시키는 대증요법일 뿐으로, 인슐린을 투여한다고 해서 당뇨병이 치료되지는 않는다.

또한 인슐린을 과잉 투여할 경우 저혈당*을 일으키고, 신속하게 조치하지 않으면 의식혼탁이나 의식불명 상태에 빠져 죽음에 이를 위험성도 있다.

한편, 당뇨병 환자가 병원에서 처방받는 혈당강하제도 당뇨병의 치료 효과는 없다. 식사 전에 복용하는 이런 종류의 약들은 위나 소장에서의 당질의 분해·흡수를 억제하거나 췌장의 불완전한 인슐린 분비를 활성화시킴으로써 식후 혈당의 급격한 상승을 조절할 뿐이며, 이 역시 대증요법에 지나지 않는다. 그렇다면 당뇨병 치료제로 부를 수 있는 약은 앞으로도 개발될 가능성이 없는 걸까?

Ⅰ형 당뇨병은 질병으로 보면 Ⅱ형 당뇨병보다 심각하지만, Ⅱ형 당뇨병과 달리 현재의 의학으로도 완치될 가능성이 있다. Ⅰ형은 인슐린을 분비하는 랑게르한스섬의 베타세포가 파괴되었기 때문에 발병하므로 췌장을 이식하든가 베타세포를 배양해 몸 안에 넣어 주면 이론상으로는 병의 원인 자체가 해결된다. 실제로 현재 이런 방법이 실험적으로 이루어져 큰 성과를 올리고 있다.

그런데 골치 아픈 것은 오히려 대표적 국민병이라 할 수 있는 Ⅱ형 당뇨병이다. Ⅱ형 당뇨병은 과거 '부자병'이라고도 일컬어진 것처럼 미식

124

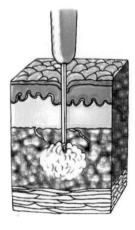

∷ 인슐린의 투여

인슐린은 피하에 주사한다.
(그림은 펜형 주사기)

(美食)이나 과식, 운동 부족 등의 나쁜 생활습관 탓에 걸리는 병이다.

　최근 과식에 의해 몸에 중성지방이 너무 붙으면 지방세포*가 만들어 내는 아디포넥틴(adiponectin)이라는 호로몬의 분비가 감소된다는 점이 밝혀졌다. 아디포넥틴은 고혈당으로 손상된 혈관을 복구하는 작용을 하므로 이 물질이 줄어들면 당뇨병의 발병이 가속화된다. 그러므로 이런 메커니즘을 반대로 이용한다면, 당뇨병을 치료하거나 발병을 억제할 수 있는 약이 개발될 가능성이 있다.

　그렇다고 해도 Ⅱ형 당뇨병에 걸리는 원인이 오직 이런 메커니즘에 의해서만 일어난다고 단정 지

＊ 지방세포

지방세포에서는 다양한 물질들이 분비된다. 비만이 되면 인슐린 저항성을 높이는 물질의 분비가 늘어나고, 신진대사를 높이거나 인슐린 감수성을 높이는 렙틴(leptin)이나 아디포넥틴의 분비는 감소된다.

을 수는 없다. 인간의 신체 기능에 대한 현대의학적 이해는 아직도 매우 초보적인 수준에 머물러 있기에, 당뇨병과 같은 복합적 질병에 대한 진정한 치료제를 개발하는 일은 결코 쉽지 않다. 당뇨병으로 실명하거나, 괴저를 일으킨 발을 절단하거나, 또는 심장병이나 뇌질환으로 고통받으면서 죽고 싶지 않다면 하루하루 묵묵히 식사요법과 운동요법을 규칙적으로 실시하는 것이 지금 당장 할 수 있는 유일한 최선책이라고 할 수 있다.

PART 7
항암제

암세포의 분열·증식을
유전자 단계에서 억제한다

항암제

최초의 항암제는
독가스 연구에서
탄생했다

독가스가 백혈구의 증식을 억제

　1943년 12월 2일, 제2차 세계대전이 한창일 때의 일이다. 이탈리아 남부의 바닷가에 정박해 있던 미국의 상선 존 하베이호는 하늘과 바다에서 맹공격을 퍼붓는 독일군의 급습으로 불에 타서 침몰했다. 이때 주위에는 30척 이상의 연합군 함선이 정박해 있었으며, 이 공격으로 인

독일 공군의 폭격을 받은
존 하베이호(상상도).

해 존 하베이호 외에도 16척이 침몰해 수많은 민간인과 군인들이 타오
르는 화염과 얼어붙은 바다에서 목숨을 잃었다.

　다음 날, 떠다니는 물체를 붙잡아 간신히 목숨을 건진 800명 이상의
사람들이 무사히 구출되었다. 그러나 그들 대부분의 눈과 피부에는 이
상이 발생했다. 기관(氣管)이 짓물러 몹시 기침을 해대는 사람, 눈이 보이
지 않게 된 사람, 성기가 심하게 부풀어 오른 사람 등 구출된 사람들은
증상이 심한 사람들부터 차례로 죽어 갔고, 얼마 가지 않아 감염증이 퍼
지면서 더욱더 많은 사람들이 죽어 갔다. 이 감염증의 원인은 백혈구가
급격하게 감소해 면역계가 파괴되었기 때문인 것으로 추정되었다.

　그리고 이들의 면역계가 파괴된 이유는 독가스탄, 즉 머스터드가스
때문이었다. 미군에 의해 징용되었던 존 하베이호에는 독일군이 독가스
탄을 사용할 경우, 같은 병기로 반격할 목적으로 독가스탄이 탑재돼 있

었던 것이다. 그리고 배가 침몰했을 때 이들 독가스가 바다로 유출되어 물 표면에 떠 있는 석유에 녹아 물에 빠져 허우적대는 민간인과 병사들의 몸에 부착된 것이다.

그러나 이와 같은 시기에, 미국에서는 이상한 일이 일어났다. 머스터드가스가 암의 치료제, 즉 세계 최초의 항암제로서 이용되게 된 것이다.

제2차 세계대전 중, 미 육군에 배속된 화학자 알프레드 길먼(Alfred Gilman) 박사는 머스터드가스를 사용하기 쉽게 만든 '니트로겐머스터드(nitrogen mustard)'를 연구하던 중에 이 물질이 동물의 백혈구 증식을

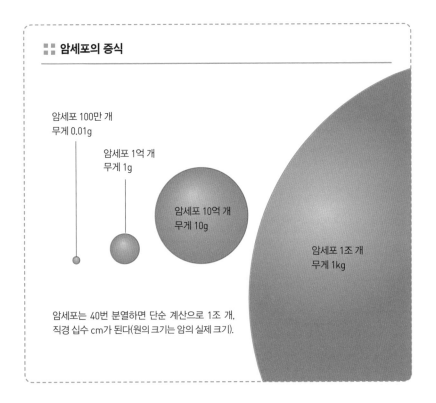

:: 암세포의 증식

암세포 100만 개
무게 0.01g

암세포 1억 개
무게 1g

암세포 10억 개
무게 10g

암세포 1조 개
무게 1kg

암세포는 40번 분열하면 단순 계산으로 1조 개,
직경 십수 cm가 된다(원의 크기는 암의 실제 크기).

억제한다는 사실을 알아냈다.

존 하베이호의 침몰 후에 많은 사람들을 죽음으로 몰아넣었던 독가스의 원인이 백혈구의 증식을 억제했기 때문이라고 한다면, 그와 똑같은 작용이 백혈구가 이상 증식하는 혈액암인 백혈병이나 림프종 치료제가 될 수 있다는 가능성이 제기된 것이다. 몇 번의 동물실험을 거쳐 이런 가설에 확신을 갖게 된 길먼 박사는, 1942년 5월 방사선 치료 효과가 없어진 림프종에 걸린 남성에게 열흘간에 걸쳐 소량의 독가스 화합물, 즉 니트로겐머스터드를 투여했다. 며칠 후 환자의 림프종은 사라졌다. 이 물질은 암세포 속의 핵에 들어 있는 유전자 DNA를 손상시키는 작용을 통해 암세포를 죽였던 것이다.

군사 연구로 실시됐던 이 실험 결과는 종전 후인 1946년이 되어서야 비로소 공표되었고, 그 후 많은 항암제가 개발되었다. 니트로겐머스터드는 지금도 항암제로 이용되고 있다.

항암제는 암세포의 성질을 역이용한 것

암은 유전자 DNA에 병이 걸린 것이다. 세포 속의 유전자가 한 번 또는 몇 번인가 변이를 일으킨 결과, 세포분열이 멈추지 않는 상태가 된 것이 암세포다. 몸속에서 단지 한 개의 세포라도 암화(癌化)되면 이는 2개, 4개로 점점 증식하면서 멈출 줄을 모른다. 암은 곧 주위의 조직으로 퍼져 혈액이나 림프액을 타고 다른 장기로 전이된다. 온몸에 전이된 암은 급속하게 성장해 장기나 기관을 압박·파괴하고, 결국 암에 걸린 사람의 생명을 빼앗는다.

현재 암 치료에 사용되는 대부분의 항암제는 암세포가 급속하게 분열·증식하는 성질을 역이용한 것이다. 항암제는 암세포가 유전물질인 DNA를 합성하는 활동을 방해함으로써 세포의 증식을 멈추게 하고 암세포를 죽게 한다. 활발하게 분열·증식해 여러 번 DNA 합성을 한 암세포는 그만큼 항암제에 의해 쉽게 살상된다.

그러나 이것은 정상세포라도 활발하게 분열하고 있다면 항암제로 인해 손상을 입는다는 사실을 의미한다. 입 안이나 위의 점막, 모근 세포, 골수의 혈구를 만드는 세포(조혈간세포) 등은 끊임없이 분열·증식을 하고 있기 때문에 항암제에 의해 쉽게 손상을 입는다. 항암제로 인해 심한 구토나 설사를 되풀이하거나, 머리카락이 빠지거나, 입이나 목에 염증이 생기는 것은 이런 이유 때문이다.

일본에서 사용되는 항암제는 100종류나 되지만, 대부분은 니트로겐 머스터드와 마찬가지로 증식하는 세포에 대해 강한 독성을 지닌다. 원래 대부분의 항암제는 세포독성을 가진 독성 물질이다. 이들 항암제는 독가스뿐 아니라 서양주목이나 일일초 등에 들어 있는 알칼로이드(식물독)나 토양세균에서 발견된 항생물질 등 그 종류가 매우 다양하다.

7-2

항암제

약제 내성이 생긴
암세포는
살아남는다

약이 암세포의 증식을 방해하는 메커니즘

항암제를 이용한 암 치료는 화학물질을 사용하기 때문에 화학요법이
라고도 부른다. 이 치료는 암을 절제하는 수술과 강한 에너지의 빛이나
입자를 암에 쬐어 암세포를 파괴하는 방사선 치료와 더불어 3대 암치
료법이라고 한다.

화학요법이 급속하게 발전함에 따라 '암 = 죽음'이라는 단순한 도식
은 이제 과거의 산물이 되었고, 적어도 일부의 암은 완치 가능성이 있
는 병이 되었다.

예를 들어, 유방암의 경우는 1970년대 무렵까지 수술로 암을 절제해
도 재발하기 쉬워 사망할 가능성이 아주 높은 병이었다. 그러나 지금
은 수술 전이나 후에 화학요법을 추가하면서 대부분의 유방암 환자들
이 치유되고 있고, 재발할 가능성도 낮아졌다. 또 진행이 빨라 과거에

는 거의 손을 쓰지 못했던 소아암도 지금은 50% 이상의 환자가 암을 극복할 수 있게 되었다. 이렇듯 일부 암에서 항암제는 절대적으로 필요한 약으로 자리매김한 것이다.

현재의 항암제 치료에서는 일반적으로 몇 종류의 약을 함께 사용하는 복합화학요법이 이용된다. 성질이 다른 항암제를 함께 사용하면 한 종류의 약을 사용할 때보다 치료 효과가 높아지기 때문이다. 대부분의 항암제는 암세포의 증식을 막아 암세포를 죽이지만, 그 작용 원리는 다음과 같이 다양하다.

- 유전자 본체인 DNA의 2개 사슬을 묶어 DNA가 복제되지 못하도록 한다.
- DNA 복제를 도와주는 효소의 작용을 방해한다.
- DNA의 재료에 섞여 DNA의 사슬로 들어가 DNA의 복제를 막는다.
- 세포가 둘로 분열할 때 필요한 분자를 파괴한다.

이처럼 각각의 약들이 서로 다른 원리로 암세포를 공격하면 그만큼 암에 대한 살상력이 높아진다고 보고 있다. 또 여러 가지 약들을 이용하면 개개의 약의 사용량을 줄일 수 있어 각각의 약의 부작용이 분산되므로 전체적으로 약에 대한 부작용을 줄일 수 있다.

암세포의 악성화와 부작용

＊ **암의 악성화**
암세포의 분열·증식 속도가 빨라지거나 발생 장소에서 다른 조직이나 장기로 전이하는 성질을 갖는 등 암세포의 악성 정도가 점차 강해지는 것을 의미한다.

암세포는 악성화＊되기 때문에 치료를 시작한 초기에는 암이 작아지거나 치유되는 것처럼 보여도 점차 항암 효과가 저하되는 경우가 적지 않다. 암세포는 보통 손상된 자신의 DNA를 복구하는 능력을 잃거나 손상된 부위를 복구할 수 없을 때는 자살(아포토시스)한다는 세포 본래의 성질을 잃은 것이다. 따라서 증식할 때마다 악성 정도가 강해져 보다 증식하기 쉬워지고, 보다 자살하기 어려워지며, 보다 전이되기 쉬워지는 성질을 얻는다.

항암제로 암세포의 대부분이 사멸된다 해도, 세포 집단 속에서 불과 한 개의 암세포가 항암제의 공격에서 살아남더라도 이것이 다시 증식하기 시작한다. 이때 살아남은 암세포는 이미 항암제에 대한 저항력(약제 내성)을 갖고 있다. 말하자면 항암제가 보다 더 강력한 암세포를 만들었다고 할 수 있다.

이렇게 약제 내성이 생긴 암세포에는 지금까지 사용했던 항암제는 더 이상 효과가 없다. 신장암이나 간암, 일부의 폐암과 같이 항암제가 잘 듣지 않는 암의 경우는 암세포가 본래부터 약제 내성을 갖고 있기 때문이다.

약제 내성이 생긴 암세포와의 싸움은 매우 힘든 싸움이 된다. 지금까지와는 전혀 다른 작용 원리로 약효를 발휘하는 약을 사용하든지,

▚ 항암제의 종류

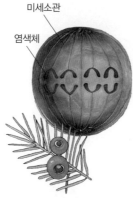

미세소관

염색체

서양주목의 추출물은
항암제의 재료가 된다.

식물 알칼로이드
세포분열을 할 때 미세
소관은 염색체를 새로
운 세포로 이동시킨다.
식물 알칼로이드의 일
부는 미세소관의 활동
을 방해해 암세포의 분
열을 막는다.

호르몬제
암세포의 성장을 촉진
하는 성호르몬의 활동
을 방해한다.

항암성 항생물질
항암 작용이 있는 항
생물질로 암세포를
죽인다.

분자표적약
암을 유발하는 분자
만 표적으로 삼아 암
세포를 공격한다.

대사길항제
DNA의 '가짜' 재료가
되어 DNA 합성을 막
는다.

DNA

알킬화제
DNA의 2개 사슬 모양 분자
에 다리를 놓아 나선을 풀
수 없게 만들어 암세포의 분
열을 막는다.

백금(플라티나)제제
알킬화제와 같은 작용으로
암세포의 DNA를 손상시켜
암의 증식을 막는다.

생물학적 응답조절제(BRM)
면역력을 강화해 암세포를
공격한다.

**항암제의
종류**

대사길항제

DNA

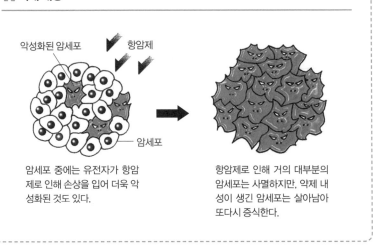

:: 약제 내성

악성화된 암세포   항암제

암세포

암세포 중에는 유전자가 항암
제로 인해 손상을 입어 더욱 악
성화된 것도 있다.

항암제로 인해 거의 대부분의
암세포는 사멸하지만, 약제 내
성이 생긴 암세포는 살아남아
또다시 증식한다.

심한 부작용을 각오하고 좀 더 강력한 항암제를 대량 투여하는 방법밖에 없다. 그러나 항암제를 대량 투여하면 수많은 정상세포도 손상을 입는다. 이처럼 강력한 항암제 치료를 실시하면, 골수 속의 조혈간세포가 죽게 돼 백혈구나 적혈구 등과 같은 혈구를 만들지 못하게 되므로 항암제 치료 후에는 골수이식(조혈간세포 이식)*을 할 필요성이 생긴다.

약제 내성이 생긴 암세포에는 자신에게 유해한 물질을 세포 밖으로 배출하는 정교한 구조가 만들어진다. 또한 항암제로 인해 유전자가 조금 손상을 입어도 쉽사리 죽지 않는 능력을 지니고 있다. 따라서 현재 이 같은 메커니즘에 맞춰 암세포의 약제 내성을 무효화시키는 약이 개발되고 있다.

* **골수이식(조혈간세포 이식)**
정상적인 조혈 기능을 가진 골수 세포를 환자에게 이식하는 방법으로, 백혈병 치료 등에 이용된다. 최근에는 골수에서뿐 아니라 말초혈이나 제대혈에서도 조혈간세포를 채취한다.

이와 같은 사실을 종합해 볼 때, 항암제 치료에는 한 가지 철칙이 있다는 사실을 알 수 있다. 그 철칙이란 처음부터 될 수 있는 한 강력한 항암 치료를 실시해 약제 내성이 생기기 전에 암세포를 모두 사멸시켜야 한다는 것이다.

하지만 강력한 항암제 치료에는 거의 예외 없이 심각한 부작용이 따른다. 현재는 항암제의 부작용을 억제하는 다양한 약들이 개발되고 있고, 암의 종류에 따라서는 통원치료가 가능한 것도 있지만, 때로는 심각한 신장장애나 심장장애, 면역 저하에 따른 감염증 등이 생겨 회복된다 해도 심각한 후유증이 남는 경우가 있다.

그렇다면 항암제의 부작용을 경감할 수 있는 방법은 없는 걸까?

세균을 죽이는 항생물질처럼 암세포만 죽이는 약을 개발할 수 있다면 항암 치료에 따른 부작용은 거의 없을 것이다. 그러나 암은 바이러스나 세균처럼 외부에서 몸속으로 침투해 들어온 '외부의 적'이 아니다. 몸을 구성하는 자신의 세포가 변이를 일으켜 생겨난 '내부의 적'이다. 때문에 정상세포와 암세포의 차이점이 극히 적어서, 외부의 적에는 민감하게 반응해 몸을 방어하는 면역 시스템조차도 대개 암세포는 발견하지 못한다. 암세포만을 노려서 공격하는 것은 매우 어려운 일이라고 할 수 있다.

하지만 현재 암세포만을 표적으로 삼는 약이 개발되었다. 결코 표적을 놓치는 일 없는 '마법의 탄환'과 같은 이 약은 바로 '분자표적약'이다.

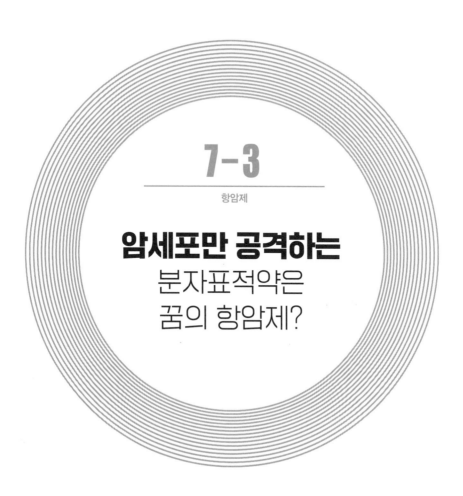

암세포만 공격하는
분자표적약은
꿈의 항암제?

암세포만 공격하는 항암제, 분자표적약

　분자표적약은 말 그대로 암을 유발하는 분자만을 표적으로 삼아 그 활동을 방해함으로써 암의 성장을 멈추거나 암을 파괴하는 약이다. 예를 들어, 유방암에 사용되는 트라스트주맙(trastuzumab, 상품명 허셉틴)은 암세포의 표면에 있는 특징적인 분자를 발견해 결합한다. 이에 따라이 분자는 면역세포가 암세포를 공격하기 위한 표적이 되는 동시에, 이 분자에게 증식을 활성화하라는 신호(다른 분자)가 전달되지 못하도록 방해한다.

구미에서 대장암 치료제로 사용되고 있는 베바시주맙(bevacizumab, 상품명 아바스틴)처럼 혈관의 성장을 억제하는 약도 있다. 암은 급속하게 성장하기 때문에 다량의 영양분과 산소를 필요로 한다. 때문에 암세포들은 초능력을 연상시킬 정도의 놀라운 방법으로 특수한 분자 신호를 근처의 혈관에 보냄으로써 새로운 모세혈관이 암세포 근처까지 뻗어 오도록 꾀한다. 아바스틴은 이런 분자 신호를 차단해 혈관의 성장을 막는 약이다. 혈관이 뻗어 오지 않으면 암세포는 산소와 영양 보급이 끊겨 죽게 된다.

그래도 부작용이 발생하는 이유

분자표적약은 암세포만을 공격 대상으로 삼기 때문에 치료 효과는 높고 부작용은 적을 것 같지만, 현실은 생각대로 되지 않는 법이다. 예를 들어, 폐암 치료제로 유명한 게피티니브*(gefitinib, 상품명 이레사)는 부작용으로 간질성 폐렴이라는 중증의 폐렴을 일으켜, 일본에서는 이로 인해 2005년까지 6,000명에 가

＊게피티니브
구미에서는 연명 효과가 없다는 이유로 그다지 많이 사용되지 않으며, 사용 규제도 엄격한 약이다. 하지만 일본에서는 유효한 증례(症例)가 있다고 해서 널리 이용되고 있다.

까운 사망자가 나왔다.

이런 심각한 부작용이 일어나는 원인 중 하나는 암세포에는 약의 표적이 되는 분자가 많이 분포하고 있지만, 이들이 반드시 암세포에만 있는 것이 아니라 정상세포에도 어느 정도 분포하고 있기 때문이다. 또한 약이 몸속에서 다른 물질로 바뀌거나, 예상외의 반응을 일으킬 가능성도 있다. 분자표적약은 이레사처럼 미처 생각지도 못한 심각한 부작용을 일으킬 가능성이 적지 않다. 이를테면, 앞에서 예를 든 아바스틴의 경우는 심한 출혈을 일으키는 경우가 있으며, 최근 등장한 에를로티니브(erlotinib, 상품명 타르세바)는 심각한 심장 이상을 일으키는 경우가 있는 듯하다.

게다가 이 같은 분자표적약은 대부분 암이 사라지는 놀라운 효과를 보이는 경우도 있지만, 대개는 일시적인 효과를 보일 뿐이어서 환자가 연명할 수 있는 기간도 2~3개월에 지나지 않는다. 예외적으로 이마티니브(imatinib, 상품명 글리벡)처럼 90% 이상의 환자들에게 높은 효과를 나타내는 약도 있다. 이 약은 암 발병의 원인이 되는 유전자의 작용을 직접 방해하기 때문에 효과가 높은 것으로 보인다.

암의 종류는 매우 다양하며, 각기 다른 유전자의 이상으로 인해 발병한다. 암의 원인이 되는 유전자가 한 개인 경우에는 약의 표적을 정하기도 쉽고 치료도 용이하지만, 여러 유전자의 이상으로 인해 발생하는 대부분의 암에 대해서는 효과가 높은 분자표적약이 아직 개발되지 않았다. 따라서 기존의 세포독을 가진 항암제밖에 선택의 여지가 없다.

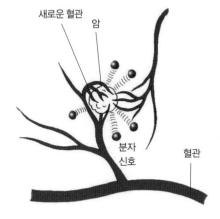

새로운 혈관　암

분자
신호

혈관

암세포는 혈관의 성장을 촉진하는 특수한 분자 신호를 보내, 새로운 모세혈관을 암의 내부까지 끌어들여 산소와 영양분을 공급받는다.

혈관의 성장을
억제하는 약

분자 신호

혈관의 성장을 억제하는 약은 암세포가 보내는 분자 신호를 차단해 모세혈관의 성장을 억제한다.

PART 8

간질 치료제

뇌 신경세포의
과잉 흥분을 억제한다

8-1

간질 치료제

간질 발작은
신경세포의
과잉 방전으로
일어난다

역사상 저명인사들에게 많은 간질병

러시아의 작가 도스토예프스키(Dostoevskii)의 작품에는 다양한 간
질 환자들이 등장한다. 특히『백치』의 주인공 미슈킨 공작을 묘사한 부
분에서는 간질 환자의 행동이나 증상을 깊은 사색과 감성, 그리고 더할
나위 없는 섬세함으로 표현해내고 있다.

역사적으로 저명한 인물 중에는 간질 환자가 많았다. 왼쪽 위에서 시계 방향으로 아리스토텔레스, 나폴레옹, 도스토예프스키, 톨스토이, 차이코프스키.

그렇다면 도스토예프스키는 왜 간질과 간질 환자에 대해 이토록 집착했던 걸까? 바로 그 자신이 간질로 고통스러운 생애를 보냈기 때문이다. 만일 그가 간질 환자가 아니었다면 19세기의 세계 문학을 대표하는 그의 작품은 결코 탄생하지 못했을 것이라는 것이 후세의 많은 문학 비평가들의 생각이다. 결국 도스토예프스키는 심한 간질 발작으로 인한 폐부 출혈로 생을 마감하게 된다.

역사상의 위대한 인물 중에는 간질을 앓았던 사람들이 매우 많았다. 그들 대부분은 예술가이거나 고도의 지적인 활동으로 큰 족적을 남긴 사람들이다. 예를 들어, 고대 그리스의 철학자인 소크라테스, 아리스토텔레스, 피타고라스 등은 간질 환자였던 것으로 추정되고 있다. 그 외에도 카이사르, 나폴레옹 3세, 베토벤, 레오나르도 다빈치, 예언자 무함마드(모하메트), 파스칼, 차이코프스키, 미켈란젤로, 바이런, 톨스토이, 애거서 크리스티, 엘튼 존 등 이루 헤아릴 수 없이 많다.

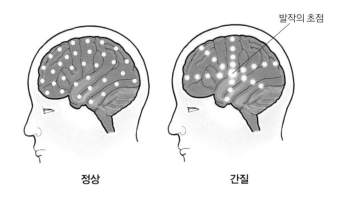

간질이란?

발작의 초점

정상   간질

정상적인 뇌에서는 신경세포 사이를 통과하는 정보 신호가 물결처럼 퍼지지만, 간질 발작이 일어날 때는 특정 부위의 신경세포가 과도하게 방전돼 이것이 뇌의 광범위한 부위로 무질서하게 퍼져 나간다.

이처럼 거론된 이름들을 보고 있노라면, 어느 심리학자의 '간질 환자는 뇌의 일부가 이상을 일으키기 때문에 이상을 일으키는 부분을 메우기 위해 그 외의 부분이 과도하게 발달한다'는 견해에 수긍하지 않을 수 없다.

그러나 일반적으로 대부분의 사람들은 간질이란 말을 들으면 대개 전신 경련을 동반한 심한 발작만을 떠올린다. 사실 간질 환자는 일상생활 속에서 돌발적으로 발작을 일으키고, 심한 경련 후에 전신이 경직되어 의식을 잃고 쓰러진다. 그 때문인지 사람들의 뇌리에는 그 증상만이 강하게 각인되어 있는 듯하다.

발작할 때 뇌에서는 어떤 일이 일어날까

간질 발작은 언제 어디에서 일어날지 모르기에 환자는 직업을 선택할 때 제한을 받게 되고, 운전면허도 취득할 수 없으며(현재는 가능), 학교에서 수영 수업 등에도 참가할 수 없는 등 많은 불이익을 당해 왔다. 또 과거에는 간질 환자가 사회의 편견과 몰이해로 인해 고통을 받은 경우도 적지 않았다.

그러나 심한 경련 발작을 동반하는 간질 환자는 간질 환자 전체에서 30% 정도밖에 안 된다. 대부분의 간질 발작은 이보다 증세가 훨씬 가볍고, 그중에는 발작이 일어난 사실을 자각하지 못하는 환자도 적지 않다.

일본의 간질 환자 수는 인구 10만 명당 500~1,000명 정도로, 총 간질 환자 수는 60만~120만 명 정도로 추정된다. 그러나 실제로 간질이라는 진단을 받고 치료를 받고 있거나, 간질을 억제하는 약(항간질제, 항경련제)을 복용하고 있는 사람은 그 반수 이하일 것으로 보고 있다. 즉 자신이 간질병에 걸렸다는 사실조차 자각하지 못하는 사람이 많이 있다는 뜻이다.

WHO(세계보건기구)의 정의에 따르면, 간질이란 '다양한 원인으로 발생하는 뇌의 만성질환으로, 뇌 신경세포의 과도한 흥분에 의해 발작이 반복적으로 일어나는 병'이다.

사람의 뇌에는 1,000억 이상의 가는 섬유 모양의 신경세포(뉴런)가 있다. 신경세포 하나하나에는 수백~수천 개의 가지(신경섬유)가 뻗어 있고, 이 신경섬유가 다른 신경섬유와 연결돼 아주 복잡한 네트워크를 이루고 있다.

이 네트워크에서는 한 개의 신경세포가 자극을 받아 흥분하면, 그 속에서 미약한 전류(활동전위)가 일어나 그 세포와 연결돼 있는 다른 신경세포로 차례로 흥분이 전달된다.

이렇듯 특정 자극에 대해 특정 신경세포가 흥분하는 현상이 뇌내를 마치 물결처럼 퍼져감에 따라 우리의 뇌는 다양한 일들을 식별하고, 정

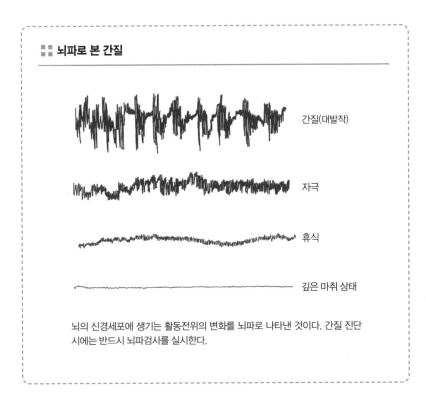

:: 뇌파로 본 간질

간질(대발작)

자극

휴식

깊은 마취 상태

뇌의 신경세포에 생기는 활동전위의 변화를 뇌파로 나타낸 것이다. 간질 진단 시에는 반드시 뇌파검사를 실시한다.

보를 처리하고 기억한다. 신경세포의 흥분은, 이것이 질서 정연하게 일어나는 한 사물을 정상적으로 기억하거나 사고할 수 있다.

그러나 간질 발작이 일어날 때는 뇌의 어느 부위의 신경세포가 과도하게 흥분해 전류를 무질서하게 연거푸 방출함으로써 과도한 방전 상태가 된다. 이렇게 되면 이상 흥분은 주위의 신경세포로 순식간에 전달돼 뇌의 일부 또는 전체가 극도의 흥분상태가 되므로 뇌는 노이즈가 많아지고, 복잡한 신호를 전달받은 몸은 온몸의 근육 경련, 경직, 의식 불명, 실신 등의 증상을 일으킨다. 발작을 일으킨 사람이 의식을 잃고 쓰러지는 이유는 뇌가 이처럼 완전한 패닉 상태에 빠지기 때문이다.

1차성 간질과 2차성 간질

뇌가 과도하게 흥분하는 원인은 뇌에 손상이나 기형이 있기 때문이지만, CT나 MRI 등의 진단장비로 뇌를 검사해도 별다른 이상을 찾아볼 수 없는 경우도 적지 않다.

이 같은 간질을 특발성 간질, 원발성 간질 또는 1차성 간질이라고 한다. 간질 환자의 80~90%가 특발성 간질, 즉 원인이 분명치 않은 간질이다.

1990년대에 TV 만화를 시청하던 일본의 많은 어린이들이 경련 발작을 일으킨 '포켓몬스터 사건'이 발생했다. 해외에서는 만화를 본 어린이

가 사망하는 경우까지 있었기 때문에 국제적으로도 큰 사회 문제가 된 적이 있다. 원인은 TV 화면에 나타나는 붉은색과 파란색 빛의 현란한 깜빡거림이 뇌에 이상 흥분을 일으켰기 때문으로, '광(光)과민성 간질'이라는 이름이 붙여졌다. 이러한 광과민성 간질은 특발성 간질의 일종으로 빛의 깜빡거림에 대한 선천적인 뇌의 과민성이 그 원인이다.

특발성 간질은 아마도 체질적으로 뇌의 신경세포가 쉽게 흥분한 점에 그 원인이 있는 듯하다. 이 간질은 뇌 전체가 발작을 일으키는 전반성(全般性) 간질이다. 분명 간질이 유전되는 가계도 있지만, 부모가 간질 환자인 경우 자식에게 간질이 발병할 확률은 5% 정도이므로 유전성 간질은 그렇게 많지 않다. 대부분의 특발성 간질은 치료를 통해 증상의 발현을 억제할 수 있다.

한편, 전체 간질 환자의 20% 정도는 검사를 통해 뇌의 이상을 확인할 수 있는 증후성 간질, 속발성 간질 또는 2차성 간질이다. 증후성 간질은 출산 시에 태아의 뇌에 산소가 충분히 공급되지 않았거나, 두개골 안에서 출혈이 일어났거나, 뇌에 선천적 기형이 있거나, 외상이나 뇌종양·뇌경색·뇌염 등을 경험했거나, 약물이 영향을 미치는 등의 다양한 원인으로 일어난다.

고령이 되어 발병하는 간질의 대부분은 뇌내 출혈이나 알츠하이머병 등 뇌가 변성하는 병으로 인해 일어나는 증후성 간질이다. 이들 간질은 뇌의 구조적 파괴로 인해 발생하기 때문에 일반적으로 치료가 힘들고, 뇌의 손상 범위가 넓을수록 치료는 더욱 어려워진다.

간질 치료제가
발작을
억제하는 원리

흥분을 진정시켜 억제 효과를 높인다

간질의 약물치료는 이미 19세기부터 시작되었다. 1868년에 진정제 브롬화칼륨(potassium bromide)에 간질의 경련 발작을 억제하는 작용이 있다는 사실이 우연히 발견되어, 그 후 간질 환자들에게 사용하게 되었다. 브롬화칼륨은 취화(臭化)칼륨이라고도 부르며, 소금과 같은 단순한 화학구조를 갖고 있다. 그러나 부작용을 통제하기 어렵기 때문에 점차 간질 치료에는 사용하지 않았지만 최근 다시 일부 간질에는 사용하고 있다.

1912년에는 진통제 페노바르비탈(phenobarbital)에도 경련을 억제하는 작용이 있다는 사실이 밝혀졌다. 그 이후, 지금도 여전히 간질 치료제(항간질제)의 주역인 밸프로산(valproic acid)을 비롯해, 다양한 항간질제가 등장했다. 일본에서는 현재 임상실험 중에 있는 약을 포함해 약 20종의 항간질제가 사용되고 있으며, 발작의 성질에 따른 사용법이 일본신경학회의 '간질 치료 가이드라인'*에 정해져 있다.

초기의 항간질제들은 대부분 우연히 발견된 약들이며, 이들 약이 어떻게 간질 발작을 억제하는 효과가 있는지 잘 알지 못한 채 사용되었다. 그러나 지금의 항간질제는 대부분 그 작용 원리가 규명되었다.

항간질제는 대개 진정 효과를 갖고 있다는 점에서도 알 수 있듯이, 기본적으로 신경세포의 흥분을 진정시켜 간질 발작을 억제한다. 예를 들어, 대표적인 항간질제인 밸프로산은 신경세포의 흥분을 억제하는 뇌의 원리를 이용한 것이다.

뇌의 신경세포에는 흥분을 전달하는 흥분성 신경세포뿐 아니라, 다른 신경세포의 흥분을 억제하는 억제성 신경세포도 있다. 앞에서 말했듯이, 간질은 뇌 신경세포의 과도한 흥분(방전) 현상인데, 간질 발작이 일어날 때는 억제성 신경세포가 충분히 기능하지 않는 것으로 보인다.

* **간질 치료 가이드라인**
웹사이트에도 공개되어 있다.
http://www.neurology-jp.org/
guidelinem/neuro/tenkan _
index.html

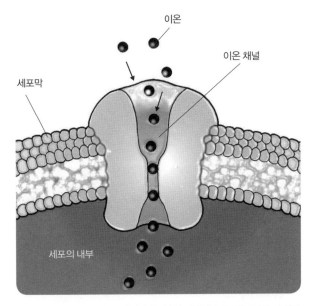

∷ 이온 채널

이온

이온 채널

세포막

세포의 내부

신경세포는 이온 채널이라는 '문'에서 신호를 전달받거나 보냄으로써 자신의 활동을 조절한다.

밸프로산은 억제성 신경세포의 작용을 증강시킴으로써 뇌의 흥분을 억제한다. 만일 간질 발작을 할 때, 신경세포 활동을 빛으로 가정한다면, 이는 마치 번쩍번쩍 불꽃이 튀는 것처럼 뇌의 전체 또는 일부가 반짝이는 상태라고 볼 수 있다. 그리고 밸프로산으로 억제성 신경세포가 활동해 다른 신경세포에 작용하면 빛이 점점 사라져가는 것처럼 보일 것이다.

또 다른 항간질제인 페노바르비탈은 신경세포가 쉽게 흥분하지 못하도록 만든다. 페노바르비탈은 신경세포의 '문'에 작용한다.

여기서 말하는 문이란 신경세포의 막을 관통해 존재하는 '이온 채널(ion channel)'이라는 단백질이다. 주위에서 신경세포로 정보가 전달되면 이 문이 열리고, 전하를 띤 물질(이온)이 신경세포의 내부로 흘러들어온다. 그러면 신경세포가 전기적으로 활성화되어 주위의 신경세포로 정보를 전달하게 된다(반대로 전기적 흥분을 억제하는 이온도 있다).

어떤 특발성 간질은 이 이온 채널에 이상이 생겨 문이 열리기 쉬운 상태가 되었다고 추정되고 있다. 이런 경우, 신경세포가 제멋대로 흥분해 발작을 일으키는 방아쇠가 될 가능성이 있다. 페노바르비탈은 신경세포를 흥분시키는 칼슘 이온이 이온 채널로 흘러들어 오는 것을 막아 신경세포가 과도하게 흥분하지 않도록 하는 작용을 한다.

항간질제는 80%의 환자에게 유효하다

항간질제의 작용 원리는 복잡하며, 증상이나 원인에 따라 효과를 보이는 약이 다르다. 여러 항간질제를 조합하면 효과가 높아지는 경우도 있지만, 부작용이 심해지거나 반대로 효과가 상쇄되는 경우도 있다. 따라서 항간질제는 될 수 있는 한 한 가지 약만 사용하고, 그 약으로 발작을 억제할 수 없을 경우에는 다른 약을 추가해 효과가 있으면 처음

약의 양을 조금씩 줄이는 방법을 쓴다.

이 같은 방법으로 환자들 중 절반은 발작을 완전하게 억제할 수 있으며, 30% 정도는 발작의 빈도를 줄여 거의 정상적인 생활을 할 수 있다. 즉 항간질제는 거의 80%의 환자들에게 효과를 나타낸다.

간질 환자는 자신에게 맞는 약을 발견한 후에는 매일 규칙적으로 약을 복용해야 한다. 약의 양이 너무 많으면 심한 졸음이나 현기증, 구역질이 일어나는 경우가 있으므로, 부작용이 심할 때나 어떤 종류의 약은 사용량을 조정하기 위해서 혈중 농도를 측정할 필요가 있다. 또한 일부의 약은 태아에 기형을 초래할 위험성이 있으므로, 여성 환자의 경우에는 임신할 때 신중을 기해야 한다. 임신을 준비하고 있거나 임신이 확실해졌을 때는 약을 바꾸거나 양을 줄일 필요가 있다.

간질 발작은 약을 복용하고 있어도 일어나는 경우가 있는데, 대부분의 간질 환자들은 자신만의 특유한 발작 전조를 느낀다. 예를 들어, 귀울림(이명)이나, 이상한 냄새가 나거나, 이상한 맛이 느껴지거나, 빛이 눈앞에서 날아다니거나, 치밀어 오르는 듯한 구역질을 느낀다거나, 이전에 봤던 광경이 갑자기 눈앞에 떠오른다는 식이다. 앞에서 말한 『백치』의 주인공 미슈킨 공작에게는 급격한 지각(知覺)의 증폭과 그 뒤에 찾아오는 환희에 찬 평온이 발작의 전조 증상이었다. 이들 전조 증상은 뇌내에서 과도한 방전이 시작되었음을 나타내고, 방전이 시작되는 부위(발작의 초점)를 시사한다.

발작의 전조가 느껴지면 환자는 곧바로 위험한 곳에서 떨어져 앉거나 누워, 발작이 시작된다 해도 상처를 입지 않도록 조심한다. 하지만 약을 제대로 복용하고 있다면 전조 증상이 나타난다고 해도 발작으로까지 이어지지 않는 경우도 있다.

간질 환자는 평생 약을 먹어야 한다?

간질 환자는 평생 약을 계속 먹어야 하는 걸까? 물론 그런 환자도 적지 않지만, 환자의 절반 정도는 언젠가는 복용을 중지할 수 있다. 전문의(뇌신경과 의사)들은 약을 3년 이상 계속 복용한 경우 그사이 발작이나 뇌파에 이상이 없었다면, 약의 양을 조금씩 줄여가다 복용을 중단해도 된다고 보고 있다. 이런 경우의 발작 재발률은 몇 퍼센트에 지나지 않기 때문이다. 특히 어린이의 특발성 간질에서, 뇌 전체의 발작(대발작)[*]을 일으킨 적이 없는 환자의 경우는 간질이 치료될 확률이 높다고 본다. 그러나 재발이 불안한 환자의 경우에는 계속 약을 복용해야 한다.

간질 발작을 억제하기 위해 중요한 것은 약을 복용하는 것만이 아니다. 간질은 뇌 속의 현상으로, 수면 부족이나 수면 각성 리듬의 변화(밤낮의 바뀜 등), 과로 등으로 신경전달물질의 균형이 깨지거나 정신적 긴장이 계속되면 발작을 일으킬 확률이 높아진다. 그러므로 간질 환자는 일찍 자고 일찍 일어나는 등 충분

＊ 뇌 전체의 발작
뇌 전체가 발작을 일으키는 전반성 간질의 발작에는 의식을 잃고 전신적 발작을 일으키는 대발작, 몇 십 초 동안만 동작이 돌연 멈추는 결신(缺神) 발작, 몸의 일부에 반복적으로 경련이 일어나는 미오클로누스 발작 등이 있다.

:: 간질의 증상

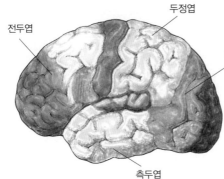

두정엽

전두엽

후두엽

측두엽

뇌 일부가 발작을 일으켰을 때와 뇌 전체로 발작이 확산되었을 때 나타나는 증상은 다르다.

● **부분 발작 :** 발작이 시작되는 부위에 따라 증상이 달라진다.

- 같은 동작을 반복한다.
- 침을 흘린다.
- 얼굴이 붉어지거나 창백해진다.
- 땀을 흘린다.
- 구역질과 복부의 불쾌감이 있다.
- 환청이 들리거나 환각이 보인다.
- 한쪽 팔과 다리만 경련이 일어난다.
- 큰 소리를 지른다.
- 멍하게 한 곳을 응시한다.
- 팔다리나 머리의 한쪽이 콕콕 쑤신다.
- 안구나 고개를 좌우 한쪽으로 심하게 기울인다.
- 기타

● **뇌 전체의 발작**

- 의식을 잃고 사지를 쭉 뻗고 쓰러진다.
- 갑자기 움직임을 멈추고 수십 초 동안 의식을 잃는다.
- 온몸에 경련이 일어난다.
- 입술이나 손톱이 창백해진다.
- 실금(失禁)한다.
- 기타

한 수면과 규칙적이고 평온한 생활을 하는 것이 절대적으로 필요하며, 주위 사람들도 환자를 충분히 배려해주어야 한다. 이렇게 항간질제와 규칙적인 생활습관으로 뇌의 활동을 안정시켜 뇌가 과도하게 방전되기 쉬운 경향을 억제할 수 있다면, 간질 환자도 정상적인 사람과 마찬가지로 건강하게 생활할 수 있다.

그러나 항간질제는 간질 발작을 억제하는 대증요법제이지 치료제는 아니다. 특히 특발성 간질 환자는 유전자의 변이에 의해 쉽게 뇌의 신경세포가 과도하게 방전되는 것으로 보이므로 발작을 억제했다고 해서 간질이 나았다고 확신할 수는 없다.

또한 환자들 중에는 항간질제의 효과가 그다지 없고 위험한 발작을 계속하는 사람이 20~30% 정도다. 이런 환자들에게는 뇌의 외과수술이 검토된다. 이상 흥분이 시작되는 뇌내 부위가 정해져 있으므로 그 부위를 절제하거나 흥분이 뇌 전체로 퍼지지 않도록 뇌의 일부를 절단하는 수술이다. 특히 측두엽 간질*에 대한 외과수술은 아주 높은 치료 효과를 보이고 있어 구미에서는 일반적인 치료법이 되었다.

최근에는 일본에서도 약물의 치료 효과가 없고 일상생활에 큰 어려움을 겪는 환자들에게는 이 치료가 실시되고 있으며, 2002년부터는 건강보험의 대상이 되었다.

✳측두엽 간질
주로 측두엽의 안쪽에 있는 해마를 발작의 초점으로 하는 간질.

개나 고양이도
간질 발작을 일으킨다

개나 고양이도 사람과 똑같이 간질 발작을 일으킨다. 갑자기 사지를 쭉 뻗고 입에 거품을 물면서 쓰러지거나, 이빨을 갈면서 경련을 일으키기도 한다. 특히 개는 간질에 걸리기 쉬우며, 100마리 중 한 마리가 발병한다고 한다. 유전적으로 간질 발작을 일으키기 쉬운 개의 종류는 저먼 셰퍼드 도그(German Shepherd Dog), 비글 (Beagle), 닥스훈트(Dachshund) 등이다.

PART 9

인플루엔자 치료제

타미플루는 감염 직후의
바이러스 증식을 막는다

9-1

인플루엔자 치료제

세계적으로
유행한
신종 인플루엔자
바이러스

감기와 독감은 어떻게 다른가?

　보통 감기와 독감(인플루엔자)이 어떻게 다른지를 이해하려면 우선 감기가 어떤 병인지부터 알 필요가 있다. 감기는 '병원체의 감염에 의한 상기도(上氣道)의 급성 염증'이다.

　즉 감기는 바이러스나 세균에 감염되어 목이 붓는 병이다. 열이나 재

인플루엔자 바이러스와 리노바이러스

● **인플루엔자 바이러스**　　　　● **리노바이러스**

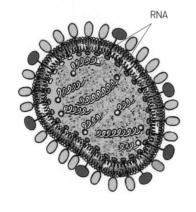
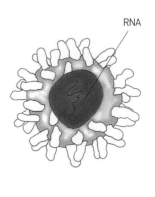

보통 감기 바이러스인 리노바이러스는 RNA를 한 개밖에 갖고 있지 않지만,
인플루엔자 바이러스는 8개의 RNA를 갖고 있다.

채기, 콧물 등이 나오는 감기 증상은 실제로 목의 점막에서 병원체가
번식했기 때문에 일어나는 합병증에 지나지 않는다.

　감기의 원인이 되는 병원체의 90%는 바이러스다. 특히 보통 감기를
일으키는 대부분의 바이러스는 리노바이러스(rhinovirus)라고 부르는
타입이며, 리노바이러스는 다시 100여 종으로 세분화해 나눌 수 있다.

　그러나 이들 바이러스 외에도 감기의 원인이 되는 병원체가 있다. 바
로 마이코플라스마(mycoplasma), 클라미디아(chlamydia)(모두 바이러스와
세균의 중간적 성질을 가진 미생물), 세균 등이다. 그 밖에 알레르기나 추위

가 감기와 같은 증상을 일으키는 경우도 있다.

많은 사람들이 감기는 추울 때 걸린다고 생각한다. 그러나 춥다는 이유만으로 목에 염증이 발생하는 일은 거의 없다. 바이러스의 증식에 좋은 환경은 추위보다 오히려 건조한 상태다. 또 아무리 춥거나 건조하더라도 원인이 되는 병원체에 감염되지 않으면 감기에 걸리지 않는다.

감기에 걸린 사람은 대개 감기약을 복용하지만, 감기약을 먹는다고 감기가 낫는 것은 아니다. 일반적으로 감기약이라고 부르는 약들은 실제로 단순히 열을 내리거나, 목의 염증을 완화시키거나, 또는 콧물이나 기침을 억제하는 약물을 섞은 것이다. 즉 감기의 다양한 증상을 억제하는 대증요법제라 할 수 있다. 보통 감기는 생명에 위협을 가할 위험성이 적으므로, 현재 겪고 있는 불쾌한 증상만 억제할 수 있다면 약으로서의 효과는 충분하다고 할 수 있다.

이에 비해 인플루엔자는 감기와 마찬가지로 바이러스 감염으로 걸리지만, 보통 감기와는 수준이 다른 위험하고도 고약한 병이다. 인플루엔자 바이러스도 상기도에 급성 염증을 일으킨다는 점에서는 보통 감기의 병원체와 다를 바가 없다. 그러나 인플루엔자 바이러스는 리노바이러스 등과 비교해 볼 때 감염력이나 독성이 훨씬 강하고, 일단 유행하기 시작하면 국내에서만 매년 겨울 1,000만 명이나 되는 사람들이 감염되며, 그중 1,000명 정도가 사망하는 일도 결코 드물지 않다.

게다가 인플루엔자 바이러스는 몇 가지 변이형, 즉 바이러스가 가진 유전자가 다른 것과는 조금 다른 것이 있다. 이런 바이러스는 사람들이 이에 대한 면역력이 없기 때문에 감염되기 쉽고 위험한데, 수십 년에 한 번꼴로 출현한다. 이때는 전 세계적으로 몇 억 명이나 되는 사람들이 이 위험한 바이러스에 감염되며, 그 피해는 중세 유럽에서 발생한 페스트*나 천연두**의 유행에 필적할 정도로 엄청나다.

* **페스트**
200쪽 참조.

****천연두**
DNA형 바이러스의 일종인 천연두 바이러스에 의한 전염병. 두창(痘瘡)이라고도 한다. 고열과 특유의 발진 증상이 나타난다. 영국인 의사 제너가 발견한 종두(백신)의 등장으로 천연두 환자는 감소해 현재는 소멸되었다고 보고 있다.

2년 동안 4억 명이 감염된 스페인 독감

20세기에는 인플루엔자의 세계적 대유행(pandemic)이 세 차례 있었다. 가장 최근 발생한 것은 중년층에게는 아직도 기억에 생생한 1968년의 '홍콩 독감'으로, 전 세계에서 약 100만 명이 사망한 것으로 추정된다. 그 10년 정도 전인 1957년에 발생한 '아시아 독감'으로는 200만 명이 사망했다고 추정된다. 그러나 1918년에 발생한 '스페인 독감'은 이 둘을 훨씬 웃도는 엄청난 피해를 낳았다.

스페인 독감은 제1차 세계대전 중에 먼저 연합군 진지에서 시작해 독일군 진지까지 번지는 등 전세(戰勢)에 중대한 영향을 미칠 정도로 수많은 환자와 사망자를 배출했다. 전시에는 평화 시와는 비교도 안 될 정도로 엄청난 수의 사람들이 빠른 속도로 이동한다. 그 때문에 이때도 바이러스 감염이 눈 깜짝할 사이에 유럽 대륙에서 전 세계로 확산되었다.

제1차 세계대전 중 스페인 독감에 걸린 환자들로 넘쳐나는 병원 내부의 모습(미국 캔자스 주).
사진 : Otis Historical Archives

　미국의 기록으로는 이 인플루엔자에 의한 미군 병사의 사망자 수가 전투에서 사망한 사람의 수를 웃돌았다고 한다. 그리고 제1차 세계대전도 이 대참사로 인해 빨리 종결될 정도였다. 스페인 독감은 이듬해인 1919년에 종식될 때까지 북극권에서 남태평양의 작은 섬에 이르기까지 감염자가 출현해, 인류의 감염증 역사상 최초로 진정한 의미의 전 지구적 유행병이 되었다.

　몇 가지 통계에 따르면, 불과 2년 동안 스페인 독감에 걸린 총 환자 수는 약 4억 명, 사망자 수는 5,000만~6,000만 명 정도로 추정된다. 당시 전 세계 인구는 약 12억 명이었으므로, 실로 전 인류의 3분의 1이 감염되었고, 그중 5%가 사망했다는 계산이 나온다. 당시보다 훨씬 많은 사람들이 짧은 시간에, 그것도 빈번하게 전 세계를 왕래하고 인구도 65억 명이 넘는 지금의 상황에서 이 같은 인플루엔자가 유행한다면, 감염자는 20억 명 이상이 되고 사망자는 수억 명에 달하리란 것도 충분히 예상할 수 있다.

　이 인플루엔자 바이러스가 도대체 어디에서 생겨나, 어떤 경로를 거처 퍼졌는지에 대해서는 최근까지도 수수께끼였다. 애초에 그 증상이 너무 격렬하고 급격했기 때문에(사망한 환자의 대부분은 발병한 지 48시간 이내에 폐에 혈액이나 체액이 차고 호흡곤란에 빠져 사망했다), 당시에는 스페인 독감을 정체를 알 수 없는 역병이라고 생각할 정도였다.

그러나 결국 이것이 인플루엔자 바이러스의 강력한 변종이라는 사실이 밝혀진 것은, 1933년에 이 바이러스가 발견돼 인플루엔자에 대한 이해가 깊어졌기 때문이다.

어쨌든 수천만 명의 목숨을 빼앗아 간 스페인 독감 바이러스는 20세기 역사의 뒤편으로 사라져버려, 그 정체는 영원히 풀리지 않는 수수께끼로 남을 것이라고 생각했다.

스페인 독감 바이러스의 발견과 규명

그런데 1995년 이후, 미 육군병리연구소의 연구자들은 최신 유전자 복원 기술을 이용해 약 80년 전에 남아 있던 얼마 안 되는 병리 표본을 토대로 스페인 독감 바이러스의 정체를 조금씩 밝혀나가기 시작했다. 그리고 1918년 9월에 뉴욕 주와 사우스캐롤라이나 주의 육군 캠프에서 숨진 2명의 스페인 독감 환자의 조직 표본에서 당시의 것으로 보이는 인플루엔자 바이러스의 유전자 단편을 회수하는 데 성공했다.

그러나 그것만으로는 스페인 독감의 원인 바이러스를 완전히 규명했

러시아

알래스카 주

스워드 반도

스페인 독감 바이러스의 완전한
표본은 북극권의 스워드 반도에
서 발견되었다.

다고 볼 수는 없었다. 어떻게 해서든 완전한 바이러스 유전자를 손에 넣지 않는 한, 왜 이 바이러스가 사람에게 그토록 무서운 독성을 보였는지를 밝혀낼 수 없었다.

그런데 이때 뜻밖의 장소에서 스페인 독감 바이러스의 완전한 샘플이 발견되었다. 바로 알래스카 주 스워드 반도에 있는 이누피악(에스키모)의 작은 촌락에서였다.

1918년 11월에 어디서인지 모르게 이 마을까지 도달한 스페인 독감 바이러스는 인플루엔자에 저항력이 없는 마을 주민들을 거의 전멸시켜, 72명이나 되는 주민의 유체가 마을에서 좀 떨어진 공동묘지에 매장되었다. 그런데 이곳은 바로 북극권에서 영구동토(永久凍土)*에 속한 곳이었다. 이 점이 후세 연구자들에게는 커다란 행운으로 작용했다. 1997년 8월, 이 공동묘지에서 발굴된 젊은 여성의 유체에 있는 폐 조직에서 드디어 완전한 바이러스가 검출되었던 것이다.

이렇게 해서 치사율이 보통 인플루엔자 바이러스의 50배 이상에 달했던 사상 최강의 스페인 독감 바이러스는 그 전모를 드러내, 인플루엔자와 싸우는 인류에게 아주 귀중한 정보를 가져다주었다.

＊ **영구동토**
땅속 온도가 연중 0℃ 이하의 항상 얼어 있는 땅. 그린란드나 시베리아 등에 널리 분포돼 있다.

9-2

인플루엔자 치료제

인플루엔자
바이러스의
종류와 백신 제조

신형 인플루엔자 바이러스는 어떻게 사람에게 감염되는가

인플루엔자 바이러스는 크게 A형, B형, C형으로 나뉜다. 이 중 B형
과 C형은 사람에게만 감염되는데, 독성이 낮고 과거에 전 세계적으로
대유행을 일으켰던 적이 없다.

그런데 A형은 야생 조류, 가금(家禽)류, 돼지, 말, 쥐 등의 포유류, 사

A형 인플루엔자 바이러스는 야생 조류를
제1의 숙주로 삼는다.

람에 이르기까지 아주 광범위하게 감염된다. 원래 A형은 야생 조류를
제1숙주로 하는 바이러스로 야생 조류의 소화기관 내에서 흔히 발견되
는데, 결코 새에게는 인플루엔자 증상을 일으키지 않는다. 그러나 이
바이러스의 유전자가 돌연변이를 하거나 가금류나 돼지의 몸속에서 다
른 타입의 A형 바이러스와 결합해 유전자가 섞이게 되면 아주 위험한
바이러스로 탈바꿈하는 경우가 있다.

중국 남부지방은 전통적으로 인플루엔자 유행의 발상지가 되곤 하
는데, 이는 다음과 같은 이유에 기인하는 것으로 보인다.

먼저 해마다 가을이 되면 시베리아에서 바이러스를 가진 야생 조류
가 대거 중국 남부지방으로 날아와 그곳에서 배설을 한다. 돼지는 포
유류에게만 감염되는 바이러스와 새에게만 감염되는 바이러스 모두에
감염되는 성질을 지니고 있다. 그리고 돼지의 몸은 다양한 변이형 바이
러스를 섞어 보다 강력한 바이러스를 만드는 일종의 배양지가 되는 동
시에 새와 사람을 이어 주는 매개자가 되기도 한다.

이렇게 돼지의 몸속에서 만들어진 강력한 바이러스가 돼지에서 사

:: 인플루엔자의 감염경로

야생 조류

A형 바이러스는 야생 조류의 몸속에 있는 바이러스지만, 야생 조류의 경우에는 발병하지 않고 사람에게 감염되는 경우도 없다.

닭과 같은 가금류나 돼지가 A형 인플루엔자 바이러스에 감염되면 좀 더 강력한 바이러스로 탈바꿈해 숙주를 죽게 할 수 있다.

돼지

닭

인간

신종 인플루엔자 바이러스

돼지(드물게 가금류)를 매개로 해서 사람에게 감염된 바이러스는 돌연변이를 일으켜 사람에서 사람으로 전염되는 신종 인플루엔자 바이러스를 출현시킨다.

람에게로 감염되고, 이 인플루엔자 바이러스가 예를 들어 인구 밀도가 세계에서 가장 높고 국제교통의 요충지이기도 한 홍콩으로 들어오면 불과 하루 이틀 만에 전 세계의 모든 지역으로 확산된다.

이런 성질을 지닌 인플루엔자 바이러스의 대처법으로 가장 먼저 생각할 수 있는 방법은 백신을 만드는 일이다. 그러나 정말로 효과적인 인플루엔자 백신을 제조하는 것은 결코 쉬운 일이 아니다.

인플루엔자 바이러스는 표면에 다수의 단백질이 튀어나온 지질(脂質)의 껍질을 가진 둥근 형태로, 그 내부에는 8개의 RNA 단편이 들어 있다. 사람의 세포에 침입한 인플루엔자 바이러스가 이 RNA를 내보내면, RNA는 세포 내 물질을 이용해 새로운 바이러스를 제멋대로 만들고 증식한다.

그러나 인플루엔자 바이러스는 역전사효소(reverse transcriptase)가 없기 때문에 숙주(사람)의 세포 DNA와 동화(同化)하지는 못한다. 즉 에이즈 바이러스처럼 레트로바이러스(retrovirus, 자신의 RNA를 DNA로 역전사시킨 다음 이 DNA를 숙주세포 염색체에 삽입시켜 번식하는 바이러스-옮긴이)는 아니다.

A형만 백수십 종에 달한다

인플루엔자는 종류가 다양하며, 예를 들어 현재 문제가 되고 있는 독성이 강한 조류인플루엔자는 'H5N1형'이라 부르는데, 여기서 H와 N는 바이러스 표면에 돌출된 단백질의 종류를 나타내는 기호다.

H는 'HA(적혈구응집소)'를, 그리고 N은 'NA(뉴라미니다아제, neuraminidase)'를 나타내며, 이들은 인플루엔자 바이러스의 성질을 결정하는 데 중요한 의미를 가진다.

HA는 숙주세포의 표면에 있는 시알산(sialic acid)이라는 물질과 결합한다. HA와 시알산은 열쇠와 열쇠 구멍의 관계로, 이 둘의 모양이 딱 들어맞았을 때 바이러스는 세포 속으로 침투할 수 있다. 같은 인플루엔자 바이러스 A형이라 해도 HA에는 유전자의 미세한 차이에 의해 16종류의 서브타입(subtype, 아형. H1~H16)이 있으며, 각 서브타입마다 바이러스가 감염될 수 있는 숙주가 다르다.

한편 NA는 숙주세포 속에서 새롭게 만들어진 바이러스가 숙주세포에서 빠져나왔을 때 바이러스를 세포에서 분리하는 작용을 한다. 이 NA에도 9가지의 서브타입(N1~N9)이 있다. 따라서 인플루엔자 A형 바이러스에는 16×9=144가지의 서브타입이 존재하는 셈이다.

참고로, 스페인 독감 바이러스는 H1N1형, 아시아 독감 바이러스는 H2N2형, 그리고 홍콩 독감 바이러스는 H3N2형이었다.

이들의 순열조합 중에서 그해에 어떤 바이러스가 유행할지는 전혀 예측할 수가 없다. 게다가 이들 이외의 신종 바이러스가 출현할 가능성도 있다.

미리 만들어 두지 못하는 인플루엔자 백신

인플루엔자 백신은 달걀을 이용해 제조하므로, 장기 보존이 어려워 미리 만들어둘 수가 없다. 게다가 인플루엔자를 예방하기에 충분한 양의 백신을 제조하려면 몇 개월이나 걸리기 때문에, 독감이 유행하기 시작한 후에 그 바이러스에 맞는 백신을 만들기 시작해서는 도저히 시간에 맞출 수 없다. 그러므로 매년 봄에 연구기관(일본에서는 국립감염연구소)에서 그해에 유행할 바이러스 종류를 예측해 발표하고, 제약회사가 이를 토대로 백신을 제조한다. 어떤 해에는 예측이 빗나가 인플루엔자가 대유행하는 경우도 생긴다. 또 이런 방법으로는 신종 인플루엔자에 전혀 대응할 수 없어서 스페인 독감처럼 폭발적으로 인플루엔자가 만연할 가능성도 있다.

그렇다면 백신 이외의 방법은 없는 걸까? 생각할 수 있는 방법으로는 바이러스 자체를 죽이든가, 혹은 바이러스의 라이프사이클을 차단해 증식할 수 없도록 하는 약을 개발하는 것 정도일 것이다. HA와 NA는 인플루엔자 바이러스의 라이프사이클에서 가장 중요한 부분을 차지하는 단백질이므로, 이들의 일부 또는 양쪽의 기능을 방해할 수 있다면 인플루엔자 바이러스는 사람의 몸속에서 증식할 수 없게 될 것이다.

이와 같은 종류의 약의 역사는 생각보다 오래되어서, 1959년에 이미 미국에서는 항바이러스제로서 염산(鹽酸)애먼타딘(amantadine, 상품명 심메트렐)이 개발되었다. 당시는 이 약이 왜 인플루엔자에 효력을 나타내는지 정확하게 몰랐다. 그러나 현재는 이 약물이 A형 인플루엔자 바이러스의 HA를 차단해 그 증식을 막는다는 사실이 알려졌다.

미국에서는 오랫동안 인플루엔자에 대해 이 염산애먼타딘을 투여하는 치료법이 이루어졌다. 그러나 일본에서 이 약은 파킨슨병과 뇌경색의 치료제로서만 사용되었고, 항(抗)인플루엔자 치료제로 정식으로 허가받은 것은 1998년이다. 그러나 이 약은 A형 이외의 인플루엔자에는 효과가 없으며, 또 이 약에 내성이 생긴 바이러스가 자주 출몰한다는 보고가 있다. 약제 내성이 생긴 바이러스에는 이 약은 효과가 없다.

▪▪ 인플루엔자 백신의 형태

주사	코 스프레이(일본에서는 미승인)
기본적으로 대부분의 사람들을 대상으로 한다.	5~49세의 건강한 사람들이 대상이다.
불활성(죽은) 인플루엔자 바이러스를 사용한다.	약독화(弱毒化)된 살아 있는 인플루엔자 바이러스를 사용한다.

코 스프레이

가장 효과적인 백신 타미플루의 작용

그 후 개발된 비슷한 종류의 약들 중에서 현재 가장 주목을 받고 있는 약이 '타미플루(Tamiflu)'라는 상품명으로 알려진 인산(燐酸)오셀타미비르(oseltamivir)다. 타미플루는 NA(뉴라미니다아제)의 작용을 방해해 바이러스가 성숙·확산될 수 없도록 만든다. 기존의 항(抗)인플루엔자 치료제가 모두 주사나 흡입이라는 투여법을 취하고 있는 데 반해 이 약은 최초의 복용약으로 등장했다.

또 타미플루는 A형과 B형의 인플루엔자에 모두 효과(그러나 B형에는 잘 듣지 않고 C형에는 효과가 없다)가 있는 것으로 보인다. 타미플루는 바이러스 증식을 저해하는 작용을 하므로 감염 직후(48시간 이내), 즉 바이러스 수가 아직 적을 때 복용하면 증상이 악화되는 것을 막을 수 있으나, 일단 증상이 진행되고 나서는 그다지 효과가 없다. 또한 이 약은 최근 전 세계를 공포로 몰고 간 조류인플루엔자에도 효과적이라고 한다.

조류인플루엔자는 이미 아시아 전역으로 퍼졌고, 유럽이나 북미로도 확산되기 시작한 H5N1형으로, 주로 조류에 감염된다. 그러나 조류에서 사람으로 전염되는 경우도 있다. 이 바이러스의 독성은 매우 강해 사람에게 전염된 경우에는 치사율이 50% 이상, 즉 스페인 독감의 10배가 넘는 아주 위험한 병원체다.

2006년 초기에는 아직 사람에서 사람으로 감염되는 경우는 나타나

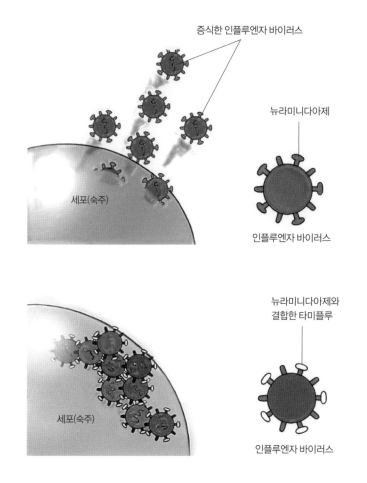

증식한 인플루엔자 바이러스

뉴라미니다아제

세포(숙주)

인플루엔자 바이러스

뉴라미니다아제와
결합한 타미플루

세포(숙주)

인플루엔자 바이러스

숙주의 세포 안에서 증식한 인플루엔자 바이러스는 세포에서 나와 다른 세포에게로
감염을 확산시킨다(위 그림). 그러나 타미플루가 인플루엔자 바이러스의 뉴라미니다아제
와 결합하면, 바이러스는 숙주세포에서 빠져나올 수 없게 돼(아래 그림) 바이러스 감염이
확산되는 것을 막을 수 있다.

지 않았고, 아시아 전역에서도 사망자가 100명 단위에 머물렀다. 그러나 이 바이러스가 돌연변이에 의해 인간형으로, 즉 사람에서 사람으로 감염된다면 이때는 문자 그대로 인류의 감염증 역사상 최악의 세계적 전염병이 될 가능성이 있다.

일본의 후생노동성은 2005년 조류인플루엔자가 인간형으로 변이할 경우, 일본 국내 사망자 수를 17만~64만 명으로 추정했는데, 이 추정에는 구체적인 근거가 없고 너무 과소평가되었다는 비판도 나오고 있다.

또 일본은 최근 타미플루의 최대 소비국으로 타미플루 전체 생산량의 70~80%를 수입하고 있으며, 매년 1,000만 명의 인플루엔자 환자에게 처방되고 있다. 그러나 세계 각국에서 타미플루를 비축하기 시작하고부터는 필요량을 전혀 확보하지 못하고 있는 상황이다. 이에 타미플루 제조회사인 로슈사는 다른 제약회사나 다른 나라에 타미플루의 제조 라이선스를 공여하기 시작했다.

한편, 타미플루에는 이상 행동이나 흥분을 일으키는 부작용이 있다는 보고가 있으며, 일본에서는 이 약의 부작용으로 수십 명의 아이들이 사망했다고 추정하고 있다.

PART 10
알레르기 치료제 (항히스타민제)

알레르기를 일으키는
히스타민의 작용을 억제한다

알레르기 치료제

히스타민은
면역계가
보내는 위험신호다

히스타민은 골칫덩어리지만 몸에 중요한 물질이다

"그의 사인(死因)은 분명하게 밝혀졌다. 주사로 맞은 1, 2cc의 히스타민이 급성 알레르기 반응을 일으켰던 것이다."

이는 주디스 데일리라는 작가의 작품에 나오는 대화의 일부다. 누군가가 어떤 이를 히스타민을 이용해 살해했다고 말하는 장면이다. 이런 일이 과연 가능할까?

히스타민은 청산가리와 같은 독극물과는 전혀 다르다. 그러나 몸속에 히스타민에 대한 항체를 갖고 있는 사람은, 외부에서 히스타민이 투여되면

＊ 즉시성 알레르기 반응
증상이 즉시 나타나는 알레르기 반응으로, 아나필락시스도 그 일종이다. 그 밖의 알레르기 반응으로는 세포 상해성, 면역복합체성, 지연성이 있다.

종종 즉시성(卽時性) 알레르기 반응＊을 일으켜 쇼크사하는 경우가 있다. 이 작가는 히스타민 알레르기 반응으로 사람을 죽일 수 있다고 말하고 있는 것이다. 그렇다면 히스타민이란 어떤 물질일까?

해마다 여름이 되면 '벌에 쏘여 쇼크사'했다는 뉴스가 신문이나 TV에서 종종 보도된다. 일본에서는 매년 30~40명의 사람이 벌에 쏘였을 때 일어나는 아나필락시스 쇼크(anaphylaxis shock)로 사망한다. 이 아나필락시스 쇼크에도 곧잘 히스타민이 관여한다. 과거에 벌에 쏘여 몸속에 벌의 독에 들어 있는 히스타민에 대한 항체가 생긴 사람은, 또다시 히스타민이 몸속에 들어오면 몸이 과잉 알레르기 반응을 일으켜 급격한 혈압 저하와 상기도의 부종 등으로 호흡곤란을 일으켜 사망하기도 한다.

이런 이야기를 들으면, 히스타민이 아주 위험천만한 물질처럼 느껴진다. 그러나 히스타민은 알레르기를 가진 사람, 특히 겨울에서 봄에 걸쳐 꽃가루 알레르기로 심하게 고생하는 사람에게는 매우 친숙한 이름이다. 이 물질이 바로 콧물이나 눈물, 재채기, 두드러기나 심한 가려움증 등을 유발하는 주범으로 잘 알려져 있기 때문이다.

이렇듯 히스타민은 사람들이 싫어할 만한 요소를 갖고 있지만, 본래

삼나무의 꽃가루

벌

동물(고양이 등)

게

조개

땅콩

진드기

우유

약

모든 물질이 알레르기를 일으키는 원인이 될 수 있다.

히스타민은 우리 몸에서 중요한 역할을 하는 물질이다. 몸속에 병원체 등이 침입했을 때 면역계*의 세포가 보내는 위험신호가 바로 히스타민이기 때문이다.

최근에는 히스타민이 신경전달물질로서의 역할도 하고 있다는 사실이 밝혀졌다. 면역계는 아주 복잡하고도 섬세한 구조를 갖고 있기 때문에 항상 적절하게 기능하지는 못한다. 때에 따라서는 외부의 자극에 대해 지나치게 과잉 반응을 보이기도 한다. 그 결과, 별다른 위험성이 없는 꽃가루 등이 몸속에 들어오는 것만으로 면역세포가 대량의 히스타민을 방출해, 때로는 생명에 위협을 가할 정도의 심각한 알레르기 반응을 일으키는 것이다.

히스타민이 방출되면 우리 몸은 어떻게 반응할까

히스타민은 모든 동식물의 생체조직에 분포되어 있지만, 사람의 경우에는 주로 백혈구의 일종인 호염기구나 비만세포(매스트 세포라고도 한다. 혈구의 일종으로 조직 내에서 자유롭게 운동하는 성질을 갖고 있다)의 내부에서 만들어진다. 특히 비만세포에는 히스타민이 고농도로 함유돼 있으며, 그 밖에 피부나 간, 폐 등의 장기, 피부 밑이나 점막 밑의 가는 혈관 주변 등에도 존재한다.

▪▪ 히스타민의 방출

비만세포 표면에 있는 항체에
항원이 결합한다

비만세포가 히스타민을 방출한다

삼나무의 꽃가루와 같은 이물질(항원)이 몸속으로 들어오면, 그 이물질과 싸우는 항체가 만들어진다. 항체는 비만세포 표면과 결합하고, 다음 번에 같은 이물질이 침입했을 때 그 항체에서 위험신호를 전달받은 비만세포는 히스타민을 방출한다. 비만세포는 온몸에 분포돼 있으므로 알레르기를 일으킨 장소에 따라 기침, 재채기, 두드러기 등 나타나는 증상이 달라진다.

우리 몸속에 면역반응을 일으키는 삼나무 꽃가루와 같은 물질(항원)이 들어오면, 주로 혈관 주변의 결합조직에 존재하는 비만세포가 히스타민을 방출한다. 방출된 히스타민은 말초신경이나 점막, 혈관 내벽 등의 세포 표면에 있는 히스타민 수용체(H1 수용체~H4 수용체까지 4종류의 단백질)와 결합한다. 이처럼 히스타민이 세포의 히스타민 수용체와 결합하면 그

186

세포는 강력한 혈관 확장 작용을 가진 일
산화질소(NO)를 방출한다.

일산화질소는 세동맥(細動脈)을 확장시
키고(이것으로 인해 성기도 발기한다), 한편
으로는 세정맥(細靜脈)을 수축시키는 작
용도 겸하기 때문에 결과적으로 모세혈
관의 압력이 상승해 국소 부종이 생긴다.

이와 같은 반응은 신경의 말단과 기관

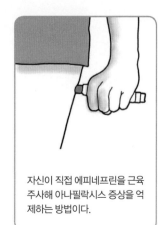

자신이 직접 에피네프린을 근육
주사해 아나필락시스 증상을 억
제하는 방법이다.

지의 평활근을 자극하기 때문에 가렵고, 재채기나 기침이 나오며, 염증
이 발생하는 등의 증상을 일으킨다. 또 히스타민이 중추신경(뇌) 세포
의 히스타민 수용체와 결합하면 두통이나 신경의 흥분을 일으킨다고
보고 있다.

히스타민에 의한 이런 반응은 본래 몸이 유해한 병원체를 쫓아내려
는 자연스러운 반응이다. 그런데 앞에서 말한 것처럼, 면역계는 때로
폭주해 병원성이 없는 꽃가루나 집먼지 진드기 등에 대해서도 과잉 반
응을 보이기 때문에 많은 사람들이 알레르기 반응으로 고생하게 된다.
벌에 쏘이거나 어떤 음식물로 인해 아나필락시스 쇼크가 일어나고 사
망하는 경우까지 발생하는 것은, 이런 알레르기 반응이 가장 급격하고
심각하게 일어난 결과라고 할 수 있다.

면역계의 과잉 반응은 왜 일어날까

알레르기를 일으키는 원인(알레르겐)은 사람마다 다양하다. 삼나무나 돼지풀의 꽃가루, 우유, 청어, 게나 새우 등의 갑각류, 실내에 떠다니는 진드기의 잔해, 애완동물의 피부나 침 속의 성분 등 실제로 어떤 물질이라도 그런 반응을 일으킬 가능성이 있다. 게다가 찬바람이나 햇빛이 알레르기의 원인이 되는 경우도 있다.

면역계의 과잉 반응이란 외부에서 어떤 물질이 몸속으로 들어왔을 때, 이 물질이 생체에 해가 없는 것이라 해도 면역계가 유해하다고 인식하는 경우를 가리킨다. 이 같은 반응이 일어나는 이유는 일반적으로 그 사람의 면역계가 꽃가루 등을 이물질이라고 인식하고 항체를 만들거나 항체를 만들기 쉬운 상태가 되기 때문이다.

그러나 그 밖에도 면역세포의 유전자가 변이해 해가 없는 물질에도 반응하는 경우가 있다.

이런 유전적 변이는 선천적인 경우도, 혹은 후천적으로 생기는 경우도 있다. 따라서 지금까지 아무런 문제가 없었던 고등어가 어느 날 갑자기 심한 두드러기 증상을 일으키고 이후에는 고등어에 대해 늘 알레르기가 나타나는 경우도 있고, 그 반대로 지금까지 새우를 먹을 때마다 항상 알레르기를 일으켰던 여성이 임신·출산을 경험한 후 같은 새우에 대해 전혀 이상을 일으키지 않게 된 경우도 있을 수 있다.

항히스타민제는 히스타민의 짝퉁

히스타민 수용체와 결합해 히스타민을 차단한다

히스타민은 위의 점막세포를 자극해 위산의 분비를 촉진하고, 식욕이나 체온, 균형 감각 등을 정상적으로 유지시키며, 경련을 억제하는 등 사람이 살아가는 데 중요한 다양한 역할을 담당한다.

그런데 이와 같은 히스타민의 작용이 조금 과도해지면 곧바로 알레

맥각균이 라이보리와 같은
화본과 식물의 이삭에 기생
하여 균핵이 된 것. 맥각이
기생하는 보리의 이삭에는
검은 뿔 모양의 것이 싹튼
다. 이를 독맥(毒麥)이라고
도 한다.

르기와 같은 폐해를 낳는다. 따라서 정상적인 면역반응인 기침이나 재채기, 콧물도 이들 증상이 너무 심하거나 오래 지속되면 이번에는 이런 증상들 때문에 체력이 소모되어 오히려 회복이 더뎌지는 결과를 초래한다.

항히스타민제는 이와 같은 히스타민의 과잉 작용을 억제하기 위해 개발된 약이다. 앞에서 살펴본 것처럼, 모든 알레르기 반응은 세포의 표면에 있는 수용체에 히스타민이 결합함으로써 일어난다. 이들 수용체 중에서도 염증 반응이나 혈관 확장에서 중요한 역할을 담당하는 것이 H1 수용체다. 그렇다면 히스타민과 비슷한 구조의 물질(약)을 몸속에 넣어 히스타민과 히스타민 수용체, 특히 H1 수용체와의 결합을 방해할 수 있다면 알레르기 반응이 일어나지 않을 것이다. 바로 이와 같은 원리를 이용해 만든 물질이 항히스타민제다.

히스타민은 1910년에 발견되었는데, 보리의 이삭에 붙은 세균 덩어리(맥각*)에서 분리시킨 물질이다. 이후 히스타민이 인체에 미치는 다양한 장애가 밝혀짐에 따라 히스타민의 작용을 차단하는 약을 개발하려는 연구자들이 속속 등장했다.

항히스타민제는 현재 제3세대

1933년에 처음 등장한 약 페녹시에틸아민은 본래 신경전달물질 중

▪▪ 항히스타민제의 작용 원리

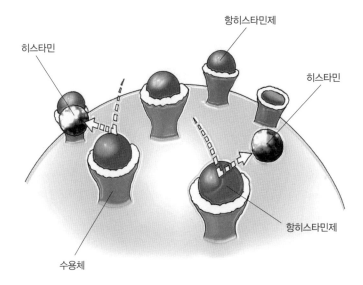

항히스타민제는 히스타민이 히스타민 수용체와 결합하기 전에 먼저 히스타민 수용체와 결합함으로써 히스타민의 작용을 차단한다.

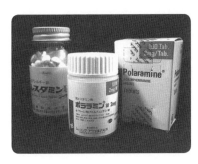

시판되고 있는 항알레르기제

하나인 아드레날린의 작용을 억제하기 위해 개발된 물질이었다. 그런데 우연히 이 물질이 항히스타민제 작용을 한다는 사실이 밝혀졌던 것이다.

그러나 이 약은 워낙 독성이 강해 여러 번 개량했음에도 불구하고 결국 실용화되지 못한 채 역사의 뒤편으로 사라졌다. 그 후 같은 작용을 하는 다양한 물질들이 발견되어 1960년대부터 드디어 실용화할 수 있는 항히스타민제가 등장했다. 이 무렵 등장한 항히스타민제에는 디펜히드라민(diphenhydramine), 프로메타진(promethazine), 히드록시진(hydroxyzine), 클로로페닐아민(chlorophenylamine) 등이 있으며, 총칭해 '제1세대 항히스타민제'라고 부른다.

이들 약은 분자량이 작아서 뇌 속으로 이물질이 침입하는 것을 막는 혈액뇌관문을 쉽게 통과해 뇌내로 들어가서 부작용을 일으킬 수 있다는 단점이 있었다. 그 이유는 뇌의 신경세포에도 히스타민 수용체가 있어서 히스타민이 신경세포를 자극하면 각성이나 흥분을 일으키는데, 항히스타민제는 이들 히스타민 수용체의 입구를 막아 버리기 때문에 각성과는 정반대로 극심한 졸음과 권태감을 유발하기 때문이다.

그러자 이런 성질을 이용해 오히려 다른 용도의 약으로 개발하려는 움직임이 일어났다. 일본에서도 예를 들어 히드록시진 등은 일찍부터 멀미약으로 시판되었다. 또한 디펜히드라민도 2003년부터 수면유도제로 사용되고 있다.

그러나 이들 제1세대 항히스타민제는 히스타민 수용체에만 결합하지

▥ 알레르기 반응 검사

● 패치 검사

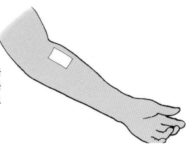

팔이나 등에 알레르기의 원인물질을
부착시킨 검사 테이프를 붙인다. 증
상이 천천히 나타나는 지연성 알레르
기 반응을 검사할 때 사용한다.

● 스크래치 검사

항원이 될 수 있는 물질

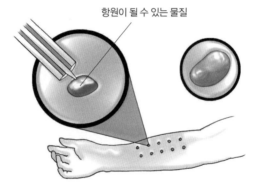

작게 상처를 낸 피부에 몇 종류의 물질을 접촉시켜 피부가 반응을 보이는 물질이 있다
면 이것이 바로 알레르겐(항원)이다. 증상이 즉시 나타나는 즉시성 알레르기 반응 검사에
이용한다.

● 피내(皮內) 검사

피부 속에 소량의 알레르기 원인물질을 주사하기 때문에 아나필락시스를 일으킬 위험
이 있다. 즉시성 알레르기 반응 검사에 이용한다.

＊ **신경전달물질**
72쪽 참조.

않고 히스타민과 구조가 비슷한 신경전달물질＊인 아세틸콜린 수용체와도 결합한다. 그 때문에 온몸의 점액 분비가 저하돼 입 안이나 눈이 건조해지고, 변비나 폐뇨(閉尿)가 일어나는 등의 부작용이 생긴다.

이에 따라 이 부작용을 억제하기 위해 혈액뇌관문을 통과하지 않고 H1 수용체에만 결합하는 항히스타민제의 개발이 요구되었다. 그 결과, 1980년대에 제2세대 항히스타민제로 옥사토마이드(oxatomide), 케토티펜(ketotifen), 아젤라스틴(azelastine), 멕타진(mectazine) 등이 등장한다. 현재 일본에서 삼나무 꽃가루 알레르기성 비염 등의 치료제로 보급되고 있는 대부분의 약은 제2세대 항히스타민제다.

또 최근에는 제3세대 항히스타민제가 등장했다. 제3세대 항히스타민제는 뇌로는 전혀 침입하지 않고 몸 세포의 H1 수용체에만 결합해 가려움을 가라앉히고, 비만세포의 히스타민 방출 자체를 억제하는 작용을 한다. 테르페나딘(terfenadine), 아스테미졸(astemizole) 등이 그것이다.

항히스타민제의 또 다른 작용은 위산의 과잉 분비를 억제해 명치 언저리가 쓰리고 아픈 증상을 가라앉힌다. 위의 점막세포 표면에는 수 많은 H2 수용체가 분포해 있어 이들과 히스타민이 결합하면 앞에서 말한 것처럼 위산의 분비가 촉진된다. 따라서 일본에서는 히스타민이 H2 수용체와 결합하는 것을 차단하는 강력한 신형 위산분비억제제(H2 차단제)가 속속 출시되었다. 이 약은 현재 위장약의 주류를 이루고 있으며, 위궤양을 치료할 때 제1의 선택지가 되고 있다.

PART 11
에이즈 치료제

에이즈 바이러스의 증식을 억제해
면역계가 완전히 파괴되는 것을 막는다

에이즈 치료제

선진국 중 유일하게
HIV 환자가
증가하고 있는 일본

면역력 저하로 다양한 감염증 발병

에이즈의 정식 명칭은 '후천성 면역결핍증(AIDS)'이다. 아마 에이즈라는 병명을 한 번도 들어 보지 않은 사람은 없을 것이다. 그러나 이것이 어떤 병이며, 왜 무서운지를 올바르게 이해하고 있는 사람은 매우 적은 듯하다.

대부분의 일본인들은 에이즈를 불특정 상대와 성관계를 맺은 사람이나 동성애자가 걸리는 새로운 성병 정도로만 여긴다. 즉 에이즈에 대한 지식이 아주 빈약하다. 따라서 보건 교육을 충분히 받을 수 있는 선진국들 중에서 지금은 유일하게 일본만이 새로운 에이즈 바이러스(HIV) 감염자가 급속하게 늘어나고 있는 국가가 돼버렸다. 일본 국내의 신규 감염자 수는 1995년에는 277명이었으나, 2004년에는 780명으로 8년 만에 2배로 증가했다.

또 에이즈 병원체가 바이러스라는 사실을 모르거나, 바이러스와 세균을 구별하지 못해서 라디오 방송 등에 출연한 유명 연예인이 반복해서 '에이즈균'이라는 단어를 사용한 적도 있었다.

역설적으로 말하면 에이즈 바이러스, 즉 HIV 자체는 그렇게 위험한 병원체가 아니다.

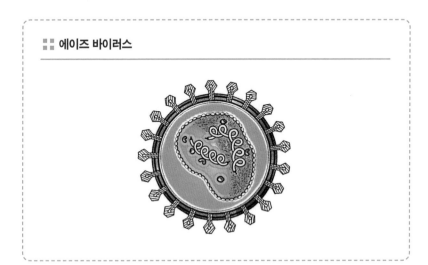

■■ 에이즈 바이러스

보통 감기를 일으키는 리노바이러스는 재채기의 비말(飛沫) 형태를 통해서 쉽게 사람에서 사람으로 전염된다. 그러나 HIV는 혈액이나 체액이 직접 닿지 않는 이상 결코 전염되지 않는다. 또 가령 전염되었다고 해도 이 바이러스에는 독성이 거의 없기 때문에 전염되었다는 것 자체만으로 감염자가 죽는 일은 없다.

문제는 HIV에 감염되면 면역력이 저하되고, 그 결과 다양한 감염증이 발병한다는 것이다. 우리의 몸에는 항상 다양한 병원체들이 존재하

세계의 HIV 감염자 수

서·중앙유럽
72만 명

동유럽, 중앙아시아
160만 명

동아시아
87만 명

북아프리카, 중동
51만 명

남·동남아시아
740만 명

사라하 사막 이남의 아프리카
2,580만 명

오세아니아
7만 4,000명

고 있지만, 면역체가 정상적으로 기능하는 한 문제는 일어나지 않는다. 그러나 어떤 원인으로 면역력이 저하되는 순간 이들 병원체는 일제히 세력을 키워 다양한 질병을 일으킨다. 이렇게 일어나는 감염(기회감염)은 보통 복합감염이 된다. 즉 원래는 그다지 유해하지 않은 몇 종류의 병원체로 인해 다른 감염증이 중복해서 걸리는 것이다. 복합감염은 종종 심각한 증상을 초래하므로 환자의 몸을 급속하게 좀먹어 사망할 확률을 크게 높인다.

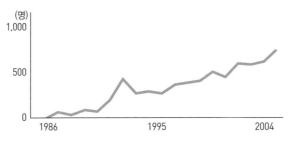

● **일본의 HIV 감염자 수**

(명)

일본 국내에서 보고된 HIV 감염자 수의 추이

자료 : 일본 후생노동성 에이즈 동향 연보

북아메리카
120만 명

라틴아메리카,
카리브해 연안
210만 명

2005년 말 현재, 세계 HIV 감염자 수는 어린이를 포함해 4,000만 명 이상으로 추정된다. 또 같은 해 에이즈에 의한 사망자 수는 310만 명으로 보고되었다.

자료 : 유엔합동에이즈계획, 세계보건기구

세계를 전율시킨 에이즈의 등장

에이즈라는 병의 존재가 처음 알려진 것은 1981년이었다. 계기는 그때까지 아주 드물게 나타났던 원충에 의한 감염증 '칼리니 폐렴'이 캘리포니아에 살고 있는 남성 동성애자들 사이에서 차례로 발견된 일이었다.

그리고 이들 환자는 칼리니 폐렴뿐 아니라 결핵, 칸디다증, 크립토콕쿠스(cryptococcosis) 수막염, 또는 카포지(kaposi) 육종이라 부르는, 드물게 나타나는 종양 등이 함께 발병해 차례차례 죽어갔는데, 이는 머지않아 전 세계를 공포에 떨게 할 에이즈의 만연을 알리는 서곡이었다.

이와 같은 중복감염이 발병하면 개개 질병의 증상을 억제하는 대증요법 이외에는 손쓸 방도가 없으며, 환자는 거의 확실하게 죽음에 이른다고 생각하게 되었다. 그 때문에 에이즈를 현대의 흑사병*으로 두려워했을 뿐 아니라, 당시 세계가 동서냉전의 시대였던 만큼 에이즈는 소련(당시)이 개발한 새로운 생물병기라는 소문까지 나돌았다. 나중에 이 같은 소문은 전혀 근거 없는 유언비어였음이 밝혀졌다.

그러나 전 세계의 바이러스 연구자들이 HIV 연구에 매달려, 병의 발견에서 십수 년 후에는 HIV의 감염에서 발병까지의 메커니즘이 거의 밝혀졌으며, 동시에 유효한 대처법도 나왔다.

＊ 흑사병
중세 유럽에서 크게 만연했던 전염병으로, 발병하면 피부가 검게 되기 때문에 '흑사병'이라고 불렀다. 이 감염증은 페스트로 세균에 감염된 쥐에 기생하는 벼룩이 사람에게 옮겨 퍼졌다고 보고 있는데, 최근에 와서는 바이러스 출혈열이었을 가능성도 제기되고 있다.

에이즈를 예방하는 첫 번째 방법은 말할 것도 없이 HIV의 감염 위험을 낮추는 것이다. 성교를 할 때는 반드시 콘돔을 사용하고, 의료 현장에서는 직접 혈액에 닿는 모든 의료기구를 사용 후 처분하는 것이 이미 상식이 되었다.

그래도 전 세계적으로 살펴보면, 특히 아프리카나 중국 등에서 HIV 감염자 수는 지금도 계속 늘어나고 있다. 특히 아프리카에서는 2004년까지 HIV로 인한 사망자가 1,500만 명 이상에 달하며, 2004년 한 해만도 230만 명으로, 매일 6,300명의 성인과 어린이들이 에이즈로 죽어간다고 유엔은 보고했다.

인간의 게놈에 침입해 동화하는 레트로바이러스

에이즈 병원체는 인체면역결핍바이러스(HIV)라고 부르는 바이러스다. 이 바이러스가 위험한 이유는 병원체로부터 사람의 몸을 보호하는 면역계를 집중적으로 파괴하는 성질을 지니고 있기 때문이다. 게다가 HIV는 병을 일으키는 바이러스 중에서도 특히 성질이 고약한 '레트로바이러스(retrovirus)'의 일종이다.

바이러스는 일반적으로 자신의 유전자를 단백질 껍질로 감싸고 있다. 말하자면 컴퓨터의 소프트웨어를 담은 한 장의 CD-ROM과 같다. CD-ROM 자체는 단순히 정보를 기록하는 매체에 불과하며, 이것만으로는 아무것도 하지 못한다. 컴퓨터로 그 안에 있는 정보를 읽었을 때 비로소 의미를 지닌다.

이때 컴퓨터 본체에 해당하는 것이 사람을 비롯한 모든 생물의 몸을 만들고 있는 세포다. 세포는 1개가 분열해 2개로, 2개가 분열해 4개로 증식하는 자기증식 능력을 갖고 있다.

세포의 내부에는 하나의 개체, 즉 한 사람의 몸을 만들고, 그 사람이 살아가는 데 필요한 유전자 전체(게놈)가 들어 있다. 이 게놈의 정체가 DNA라 부르는 화학물질이다. 세포 속에서는 인체가 그때그때마다 필요로 하는 단백질을 만들어내기 위해 늘 게놈의 어딘가가 활성화돼 있고 스위치가 켜져 있는 상태. 이때 DNA에 기록된 유전 정보가 그대로 읽혀지는 것이 아니라, 일단 RNA라 부르는 다른 분자에 복제(전사)되어, 거기에서 세포 내의 단백질을 만드는 장소로 이동한다.

RNA는 DNA와 달리 스스로의 힘으로 자기 복제를 할 수 있으며, DNA보다 훨씬 융통성 있는 분자다. 따라서 생물 진화의 역사 초기에는 아마 RNA가 유전자의 주역이었을 것으로 추측된다. 그 근거는 문제가 되고 있는 HIV(에이즈 바이러스) 등과 같은 레트로바이러스의 경우에는 RNA가 유전 정보를 운반하는 유일한 물질이기 때문이다.

인체에 전염돼 다양한 병을 일으키는 대부분의 바이러스는 레트로바이러스가 아닌 DNA형 바이러스다. 이들 바이러스는 내부에 DNA 유전자를 갖고 있고, 인체의 세포에 침투하면 거기에 있는 여러 가지 재료나 도구를 빌려 자기증식을 시작한다. 그러나 바이러스 자체는 어

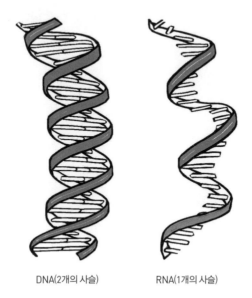

DNA(2개의 사슬)   RNA(1개의 사슬)

모든 생물의 유전 정보를 담당하는 DNA는 이중나선 구조를 취하고 있다. 그러나 에이즈 바이러스는 RNA가 유전 정보를 운반하며, 한 개의 사슬 구조를 갖고 있다.

디까지나 인체의 게놈과는 별도로 존재하기 때문에 감염된 바이러스를 검사로 쉽게 구별할 수가 있다.

그런데 HIV와 같은 소수의 레트로바이러스는 유전자로 DNA가 아닌 RNA를 갖고 있으므로, 자신의 유전 정보를 RNA에서 반대로 DNA로 바꿔 옮겨 사람(숙주)의 게놈에 침투하는 구조를 갖고 있다.

과거 모든 생물의 정보 전달은 항상 DNA에서 RNA로 일방적으로 전달되며, 그 반대는 결코 있을 수 없다고 믿어 왔기 때문에, 1970년에 레트로바이러스가 발견되었을 때 생물학자들은 경악하고 말았다. 그러나 이 발견은 단순히 지금까지의 생물학적 상식을 뒤엎었다는 점 이상으로 우리 인간에게 중대한 의미를 지니고 있다. 그 이유는 일단 HIV에 감염되면 이 바이러스는 우리의 게놈에 자기 자신을 침투시켜 일체화[同化]하기 때문에 바이러스를 없애는 일이 본질적으로 불가능해지기 때문이다.

바이러스의 표적은 면역세포인 헬퍼 T세포

게다가 에이즈 바이러스는 앞에서 말한 것처럼, 몸이 정상적으로 기능하도록 보호하는 면역계의 중추를 노리고 공격해 들어온다.

사람과 같은 동물의 모든 세포의 표면에는 '조직적합성항원(HLA)*'이라고 하는 단백질이 있으며, 그 형태는 각기 다르다. 즉 이는 자신과 타인을 구분하는 표지다. 그리고 만일 몸속에 자신의 표지를 갖고 있지 않은 물질이 들어오면 면역세포나 항체라고 부르는 단백질은 이를 이물질로 여기고 일제히 공격해 없애려고 한다. 이것이 면역의 원리이며, 장기이식을 받은 환자에게 일어나는 거부 반응도 면역계가 정상적으로 활동하고 있음을 보여 주는 것이다.

＊ 조직적합성항원(HLA)
적혈구의 혈액형 ABO식에 대한 백혈구의 혈액형으로, 면역계가 개체를 식별할 때의 표지가 된다. 적혈구의 형태보다 종류가 훨씬 많다.

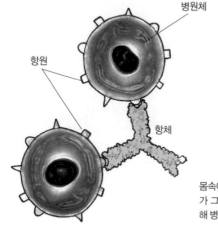
이때 이물질의 침입을 감지하고 몸속의 면역계에 그 존재와 특징을 알리는 것이 면역세포 중 하나인 '헬퍼 T세포(helper T cell)'다. 그런데 HIV는 이 헬퍼 T세포로 들어가 그 유전자와 하나가 된다.

즉 HIV는 인체의 면역계를 탈취해 그 중추에 자리를 잡고 면역계 자체를 파괴해 버린다. 바로 이와 같은 성질이 에이즈의 치료를 매우 어렵게 만드는 가장 큰 이유다.

11-2
에이즈 치료제

에이즈 치료제는
어떻게
만드나

착안점은 바이러스의 RNA 단계에서의 작용

HIV에 감염되었을 경우, 치료법의 목적은 바이러스의 증식을 될 수 있는 한 억제해 면역계가 완전하게 파괴되는 것을 막는 데 있다. 이렇게 함으로써 에이즈의 발병(기회감염이나 종양의 발생 등)을 조금이라도 억제해 연명기간을 늘리려는 것이다.

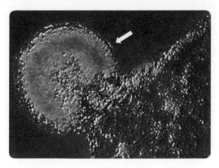

면역세포 중 하나인 헬퍼 T세포에 침입하는
에이즈 바이러스(화살표).

에이즈 연구자들이 우선 주목한 것은 HIV가 숙주의 게놈과 동화하는 과정이었다. RNA를 유전자로 가진 HIV 바이러스는 RNA에 쓰여진 유전 정보를 '역전사효소(reverse transcriptase)'[*]라 부르는 단백질을 이용해 DNA로 번역해 이를 숙주의 게놈에 주입한다. 그렇다면 이 역전사효소의 작용을 방해하는 약을 개발할 수만 있다면, 에이즈 바이러스에 감염되어도 이것이 헬퍼 T세포에 침입해 면역계를 파괴하는 것을 저지할 수 있을 것이다.

HIV를 공격하는 또 다른 방법으로 주목받고 있는 것은 바이러스가 성숙해 가는 과정에서 중요한 역할을 담당하는 '프로테아제(protease)'라는 단백질 분해효소다.

HIV는 헬퍼 T세포에 침입해 이 세포의 작용을 이용해 자신의 유전자와 이를 감싸는 껍질을 만들어 대량의 새로운 바이러스를 만들어낸다. 이때 HIV의 프로테아제는 헬퍼 T세포의 내부에서 만들어지는 단백질의 긴 사슬을 끊고 바이러스의

* 역전사효소

RNA의 정보에 기초해 DNA를 만들어내는 효소로, 각종 RNA 바이러스들이 갖고 있다. 역전사효소의 발견으로 유전 정보가 DNA → RNA → 단백질로 전달된다는 개념에 예외가 있다는 사실이 밝혀졌다.

껍질을 만드는 소재로 이용된다. 따라서 프로테아제와 결합해 그 작용을 방해하는 물질이 있다면 바이러스는 성숙하지 못하고 증식도 억제될 것이다.

이렇게 각국의 연구자들이 정력적으로 연구에 매진한 결과, 1990년대 후반에는 디다노신(didanosine), 라미부딘(lamivudine), 델라비르딘(delavirdine) 등 다양한 형태의 역전사효소 저해제가 합성되었고, 인디나비어(indinavir), 넬피나비어(nelfinavir) 등의 프로테아제 저해제도 개발되었다.

이 약들은 에이즈 치료제(항HIV제)로 수많은 임상실험을 거친 후 여러 약을 조합한 '칵테일 요법'으로 사용되게 되었다. 칵테일 요법이란 주로 두 종류의 역전사효소 저해제와 한 종류의 프로테아제 저해제를 조합한 것이다.

이 요법이 실시된 1996년부터 이듬해 1997년까지 미국에서는 에이즈 환자의 사망률이 44%나 낮아지는 놀라운 효과를 얻었다고 한다. 마침내 에이즈는 더 이상 단시간에 죽음에 이르는 병이 아니게 된 것이다.

에이즈를 극복할 근본적 치료법이 나오려면 아직 시간이 필요하다

그러나 이것으로 에이즈를 극복했다고 말하기는 힘들다. 앞에서 말한 복합화합요법은 HIV의 증식을 일시적으로 억제하는 방법을 되풀이할 검사기구의 앞부분을 잇몸에 닿게 하는 간단한 방법으로 HIV 감염 여부를 진단한다. 미국에서는 이 진단기구가 이미 병원에 보급되어 있으며, 머지않아 스스로 에이즈 검사를 할 수 있는 시대가 올 듯하다.

뿐인 치료법이다. 치료를 그만두면 HIV는 다시 증식을 시작하며, 사용법에 따라서는 바이러스가 약에 대한 저항력(내성)을 갖게 돼 이후의 치료는 전혀 효과를 볼 수 없게 된다.

또한 이들 약 중에는 심한 부작용을 일으키는 것이 있어 간 장애, 신장결석, 고지혈증, 말초신경 장애, 구역질, 빈혈, 호중구 감소증, 조울증에서부터 총천연색 꿈을 꾸는 등 다양한 부작용에 시달리게 된다.

게다가 약값 문제도 있다. 복합화학요법이 시작된 당시, 약값은 1인당 연간 약 120만 엔(한화 약 1,200만 원)이나 들었다. 그 후 소위 복제약(아시아나 아프리카에서 제조되는 기성약의 복제품)이 보급되면서 약값은 3만 엔(한화 약 30만 원)대까지 내려갔다.

그러나 빈곤한 개발도상국에 압도적으로 많은 에이즈 환자들에게는 이것도 여전히 너무 비싸서 살 수 없는 약이다. 특히 4,000만 명이 넘는 세계의 HIV 감염자의 70%가 집중해 있는 사하라 사막 이남의 아프리카 국가에서는 거의 대부분의 환자들이 이런 약들을 구할 방도가 전혀 없다.

그런데 최근 들어 상황을 더욱 악화시키는 사건이 발생했다. 약의 특허에 대한 국제적 인식이 바뀌어 복제약의 최대 생산국이었던 인도가 2005년에 선진국의 제약회사가 보유하는 약의 특허권을 인정하는 법률을 제정한 것이다. 이에 따라 최신 항HIV제를 복제한 약은 앞으로 더 이상 구할 수 없게 될지도 모른다.

이런 문제점들을 근본적으로 해결하기 위해서는 애초부터 HIV에 감염되지 않도록 '에이즈 백신'을 개발할 필요가 있다. 에이즈 백신은 면역계에 미리 HIV의 특징을 주입시켜, HIV가 침입하면 이것이 헬퍼 T 세포를 감염시키기 전에 면역계로 격퇴시키는 메커니즘이다.

일반적으로 백신으로는 무해화된 병원체나 그 특징을 가진 병원체의 단편을 이용한다. 그러나 HIV의 경우에는 그와 같은 백신을 개발하는 것이 매우 어렵다. 왜냐하면 HIV는 다른 어떤 바이러스보다도 빠르게 변이하는, 즉 자신의 유전자 일부를 계속해서 바꿔가는 성질을 지니고 있기 때문이다.

지금까지 30종 이상의 에이즈 백신이 개발되었고 임상실험이 실시되었지만, 이 같은 이유로 기대할 만한 성과를 얻을 수 없었다. 최근에 와서는 면역 효과를 높이는 다른 바이러스와 병원체의 일부, 그리고 HIV 단백질의 일부를 결합시킨 백신도 만들고 있지만, 결과는 미지수다. 에이즈는 여전히 가장 위험한 질병 중 하나로 우리의 생명을 위협하고 있다.

PART 12
파킨슨병
치료제

'L-도파'의 문제점과
신약에 대한 기대

12-1
파킨슨병 치료제

멈출 수 없는
떨림 증상이
전신으로 퍼진다

파킨슨병의 진행 과정

당시 영국인 의사 제임스 파킨슨(James Parkinson)은 반사회적인 인물로 간주되었다. 18세기 중반에 태어난 그는 젊었을 때는 프랑스 혁명사상에 물들어 영국 정부를 비판하는 익명의 팸플릿을 제작해 배포했고, 국왕 조지 3세의 암살 계획에 가담해 체포된 전력도 가지고 있었다. 그러나 파킨슨은 반역적인 인물이라기보다는 오히려 진취적인 성향의 예리한 관찰력을 지닌 인물이었다. 런던에서 병원을 개업한 그는 영국 최초로 맹장절제 수술을 시행했고, 신에 의한 천지창조설*을 뒤엎는 지질학이나 화석에 흥미를 갖고 그에 관한 입문서를 저술하기도 했다.

1817년 파킨슨은 『진전마비(振顫麻痺, 파킨슨병의 다른 이름)에 대해서』라는 소책자를 발표했다. 그 책에서 그는 의도하지 않은 근육의 떨림과 제어하기 어려운 몸의 움직임에 대해 저술했다. 그리고 중노년층에 드물게 나타나는 이런 증상의 원인이 중추신경(뇌나 척수)의 질환에 있다고 보고, 진전마비라는 이름을 붙였다.

나중에 파킨슨병이라고 부르게 된 진전마비에 대해 아주 상세하게 기록된 이 소책자는 실은 불과 6명의 환자를 관찰한 결과를 토대로 만든 저술이었다. 환자 중 2명은 자신의 환자가 아니라, 그가 개업하고 있던 진료실의 창문을 통해 때때로 목격하던 사람들이었다. 그러나 그의 기술은 상세했고, 병에 대한 설명은 지금도 충분히 통용될 수 있을 정도로 정확한 것이었다.

파킨슨병은 대개 한쪽 손이나 발의 작은 떨림에서부터 시작된다. 1990년대에 30세의 젊은 나이로 이 병에 걸린 할리우드 영화 스타 마이클 J. 폭스가 표현했듯이, 그 떨림은 '나비의 날개짓'과 비슷한 규칙적이고 빠르며 멈출 수 없는 움직임이다. 대부분의 환자들은 이런 증상

안면이 경직되어 무표정한
얼굴이 된다(가면얼굴).

한쪽 손발이나 손가락이 떨린다
(정지시 진전).

자세가 나쁘고 이상한 움직임을 보인다
(굽은 등, 좁은 보폭, 움츠러든 걸음걸이).

이 몸의 일시적인 이상에 지나지 않으며, 조금 있으면 나아질 것으로 여긴다. 실제로 이와 같은 떨림은 늘상 일어나지는 않으며, 떨리는 손이나 발도 자신의 의사로 움직이면 떨림 증상이 멎은 채 한동안 가만히 있는다. 하지만 머지않아 이 증상이 결코 일시적인 현상이 아니라는 것을 깨닫게 된다. 한쪽 손이나 한쪽 발에만 있었던 떨림이 다른 쪽까지 전염되고, 그러다 팔다리 전체가 떨리게 된다. 사람에 따라서는 전신의 경련 발작처럼 보이는 경우도 있다.

얼마 안 가 안면이 경직되고 무표정하게 변해 외관상 아무런 감정이 없는 얼굴로 바뀐다. 바로 'masked face(가면얼굴)'라고 부르는 상태다. 동시에 목소리가 낮고 작아지며, 말이 빨라져 발음도 부정확해지고 글씨도 작아져 병이 생기기 전과 후의 필적을 비교하면 동일 인물이 썼다고는 도저히 생각할 수 없을 정도로 판이하다. 주위 사람들도 환자의 움직임이 매우 서툴러, 물건을 올려놓다가 떨어뜨리거나 마룻바닥에서 갑자기 넘어지거나 하는 일이 잦다는 사실을 깨닫게 된다.

▒▒ 파킨슨병 증상의 단계

중증도 분류		생활기능 장애도
1단계	일측성 장애. 몸의 한쪽만 진전(떨림), 근육의 경직을 보인다. 가벼운 증상.	**1도 :** 일상생활이나 통원에 도움이 거의 필요 없다.
2단계	양측성 장애. 자세의 변화가 분명해지고 진전, 근육의 경직, 몸의 양쪽에 느린 움직임이 일어나기 때문에 일상생활이 조금 불편해진다.	
3단계	확실한 보행장애. 방향 전환의 불안정 등 몸을 가누는 반사 능력에 장애가 생긴다. 일상적인 동작에도 장애가 심각하고, 돌진 현상(앞으로 쏠려 달려가면서 넘어지기도 하는 현상)도 볼 수 있다.	**2도 :** 일상생활이나 통원에 도움이 필요하다.
4단계	서거나 걷는 등 일상생활에서의 행동이 매우 힘들어지고 노동 능력을 상실한다.	
5단계	완전한 동작 불능 상태. 타인의 도움을 받아 휠체어를 타고 이동하거나 움직일 수 없어 자리에 누워만 있는 상태에 빠진다.	**3도 :** 일상생활 전반에서 도움을 필요로 하며 혼자서는 일어서지 못한다.

자료 : Hoehn과 Yahr

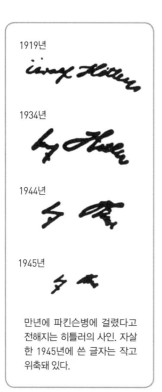

1919년

1934년

1944년

1945년

만년에 파킨슨병에 걸렸다고 전해지는 히틀러의 사인. 자살한 1945년에 쓴 글자는 작고 위축돼 있다.

자세도 나빠져 머리를 앞으로 내밀고 몸통과 무릎이 굽은 특이한 굴곡 자세를 취하며, 걷기 시작할 때는 천천히 걷지만 점차로 좁은 보폭의 종종걸음이 되는 이상한 모습을 보게 된다. 눈앞에 작은 장애물만 있어도 온몸의 움직임이 딱 멎고 '움츠러진 걸음걸이'가 되거나 비틀거리면서 걷는다. 그러다 마침내 환자는 일어서는 것조차 힘들어진다. 이렇게 발병에서 십수 년 후에는 많은 환자들이 스스로 식사도 할 수 없게 되어, 음식물이 기도에 들어가 폐렴을 일으키는 증상 등으로 사망하게 된다.

세계적으로 잘 알려진 저명인사들 중에서도 파킨슨병에 걸린 사람이 적지 않다. 전 헤비급 챔피언이었던 권투선수 모하메드 알리, 앞에 언급했던 배우 마이클 J. 폭스, 미국의 전 법무장관 자넷 리노 등이 파킨슨병 환자로 잘 알려져 있다. 이미 사망한 인물로는 전 교황 요한 바오로 2세, 중국의 최고 정치 지도자였던 덩 샤오핑(등소평), PLO(팔레스타인 해방기구)의 아라파트 의장, "예술은 폭발이다"라는 말로 잘 알려진 세계적인 화가 오카모토 다로(岡本太郎), 쉬르레알리슴 화가인 달리 등이 파킨슨병을 앓았다. 나치 독일의 아돌프 히틀러 총독도 파킨병이었다는 사실이 생존했던 측근들의 증언으로 밝혀졌다.

일본에서도 현재 약 14만 명의 환자가 이 병과 싸우고 있다. 고령이 될수록 환자 수는 증가하고, 70세 이상에서는 100명 중 한 명이 파킨슨병에 걸린다고 보고 있다. 만일 누구나 120살까지 산다고 한다면, 이론상 모든 사람이 파킨슨병에 걸릴 것이라고 보는 연구자도 있을 정도다.

파킨슨병은 뇌의 흑질 파괴가 원인이다

본인의 의사와 무관하게 몸이 제멋대로 움직이거나, 그와 반대로 움직이고 싶어도 마음대로 움직이지 못하는 이 병은 파킨슨이 추측한 대로 지금은 중추신경, 즉 뇌의 이상이 초래하는 병이라는 사실이 밝혀졌다. 정확하게는 뇌의 아래쪽에 있는 엄지손가락 크기의 '흑질(黑質)'이라는 부분이 파괴된 것이 원인이다. 흑질의 신경세포는 멜라닌 색소가 많이 들어 있어 검게 보이기 때문에 이와 같은 이름이 붙여졌다.

흑질에 있는 신경세포는 축색돌기*라고 하는 긴 가지를 뇌의 다른 영역에까지 뻗치고 있다. 우리가 의도적으로 운동할 때는 뇌내에서 복잡한 신호의 교류가 이루어지므로 몸의 각 부분에 명령이 떨어지는데, 흑질은 그 신호 네트워크의 일부를 이룬다. 흑질은 특히 몸의 다양한 움직임을 무의식적으로 협조하도

＊ 축색돌기

신경세포가 주위에 뻗어있는 많은 가지들 중 가장 길며, 다른 뉴런에 신호를 전달하는 역할을 담당한다. 축색돌기 이외의 것은 수상돌기라고 하며, 이 수상돌기는 다른 뉴런으로부터 신호를 전달받는다.

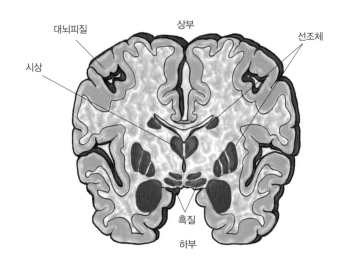

파킨슨병을 일으키는 뇌의 부위

대뇌피질

상부

선조체

시상

흑질

하부

파킨슨병은 뇌의 아래쪽에 있는 흑질의 신경세포가 파괴되어 일어난다(대뇌를 수직으로 절단한 단면도).

록 만드는(일어날 때 상반신으로 체중을 이동하면서 팔로 균형을 잡고 다리를 앞으로 내미는 등) 데 중요한 역할을 한다고 보고 있다.

파킨슨병 환자가 첫 자각 증상으로 미세한 떨림을 보일 때는, 흑질의 신경세포는 이미 60~80%가 죽었다고 전문가들은 말한다. 보통 사고 등에 의해 급사한 건강한 사람의 뇌를 해부하면 흑질이 검게 보인다. 그러나 파킨슨병으로 사망한 사람의 뇌를 해부하면 이 부분이 탈색되어 뇌의 다른 부분과 거의 분간이 안 될 정도라고 한다.

12 - 2

파킨슨병 치료제

증상을
극적으로 개선시키는
L-도파

뇌내에 도달하면 도파민으로 바뀐다

　획기적인 파킨슨병 치료제가 등장한 때는 1960년대였다. 파킨슨병

환자는 흑질의 신경세포가 파괴되는 동시에, 흑질이 신호 전달에 사용

하는 물질(신경전달물질[*])인 도파민(dopamine)도 감소된다.

그렇다면 도파민을 외부에서 보충한다면 파킨슨병을 치료

＊ 신경전달물질
72쪽 참조.

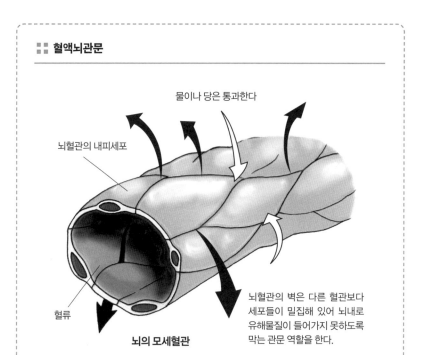

혈액뇌관문

물이나 당은 통과한다

뇌혈관의 내피세포

혈류

뇌의 모세혈관

뇌혈관의 벽은 다른 혈관보다
세포들이 밀집해 있어 뇌내로
유해물질이 들어가지 못하도록
막는 관문 역할을 한다.

할 수 있지 않을까?

유감스럽지만, 도파민을 복용하거나 혈관 내에 주사해도 이것은 뇌
내까지 도달하지 못한다. 왜냐하면 뇌혈관의 벽은 다른 혈관보다 치밀
하게 만들어져 있어, 뇌에 유해한 물질이 혈관벽을 통해 뇌내에 들어오
지 못하도록 막고 있기 때문이다. 이 구조를 '혈액뇌관문'이라고 한다.

이에 따라 L-도파(레보도파)라는 약이 개발되었다. 이 물질은 분자량
이 매우 작기 때문에 혈액뇌관문을 통과해 뇌로 들어갈 수 있으며, 뇌
내에서 대사되어 도파민으로 바뀐다. 도파민이 흑질에 도달하면 흑질

신경세포의 신호 전달이 재개될 것으로 생각하고, 파킨슨병 환자들에게 L-도파를 투여하는 치료법을 시작했다.

결과는 기대 이상이었다. 말하는 것은 물론이요, 누워서 뒤척이거나 눈을 깜빡이는 일조차 힘들어했던 중증의 파킨슨병 환자들이 L-도파를 투여한 지 며칠이 지난 후에는 의사나 문병객과 활기차게 이야기를 나눌 수 있게 된 것이다. 조금 비틀거리면서 침대에서 일어나 산책을 즐기는 환자도 나타났다.

1969년에 뉴욕에서 개최된 세계신경학회에서는 한 젊은 의사가 고령의 파킨슨병 환자를 연기했다. 의사가 연기한 파킨슨병 환자는 처음에는 다 죽어가는 상태였으나 L-도파를 투여한 뒤에는 벌떡 일어나 밸리댄스를 추는 모습을 보였다. 그러나 나중에 밝혀진 일이지만, L-도파의 치료 성공을 기뻐하며 벌인 촌극은 이 기적의 약의 어두운 일면도 동시에 시사하고 있었다.

환자는 분명 몸을 움직이고 말을 하거나 웃을 수 있게 되었지만, 일부 환자의 경우는 L-도파가 투여된 후 심한 구역질과 심장의 고동이 빨라져 가슴이 울렁거리는 증상이 나타났던 것이다. 극도의 흥분상태에 빠져 과도한 애정 표현을 하거나, 피해망상에 사로잡혀 새된 소리를 질러대는 환자도 있었다. 이상 성적 욕구에 의해 이 사람 저 사람 가리지 않고 아무나 끌어안곤 하던 한 환자는 마침내 구속되는 사태까지 벌어졌다. 이처럼 많은 환자들에게서 혀를 메롱 하고 내밀거나 손으로 몸의 이곳저곳을 더듬는 등 이상한 행동들이 나타났다.

L-도파의 부작용

사실 투여된 L-도파 중 뇌에 도달해 도파민으로 바뀌는 것은 불과 1%에 지나지 않았다. 나머지 99%는 뇌에 들어가기 전에 도파민으로 바뀌어 혈액과 함께 온몸을 순환하며 위나 심장 등에 작용해 구역질과 구토, 가슴의 울렁거림, 현기증 등을 일으킨다는 사실이 밝혀졌다.

이런 현상은 뇌내에 도달하는 도파민의 양을 조절하기 힘들게 한다. 도파민의 양이 부족하면 환자는 파킨슨병의 증상인 이상한 떨림이나 아예 움직이지 못하는 무동증(無動症)에서 해방될 수 없다. 그러나 양이 너무 많으면 이 도파민이 뇌의 흑질 이외의 부위에도 작용해 이상흥분이나 환각, 우울, 성적 욕구를 일으킨다.

이 문제는 후에 카비도파(carbidopa)나 벤세라지드 등과 같은 다른 약을 함께 사용함으로써 어느 정도 해결되었다. 이들 약은 혈액 속에서 L-도파가 도파민으로 바뀌는 것을 방해하므로 뇌내에 도파민이 효율적으로 도달할 수 있게 된다. 또 이 병행요법으로 L-도파의 복용량을 줄일 수 있어 심한 구역질이나 구토 등과 같은 부작용도 억제할 수 있게 되었다.

L-도파의 효과는 실로 놀랍지만, 그 밖에 문제는 또 있다. 먼저 이 약을 장기간 사용하면 '약효 소실 현상'이 나타난다. 이것은 처음에 약을 복용하면 반나절 이상 약효가 유지되지만, 점차 그 시간이 짧아져 2시간 정도밖에 듣지 않게 되는 현상이다.

■■ 도파민의 부족과 과잉

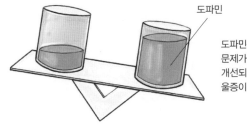

도파민

도파민은 너무 많아도 너무 적어도 문제가 된다. 부족하면 떨림 증상이 개선되지 않고, 과하면 환각이나 우울증이 생긴다.

■■ L-도파의 작용 메커니즘

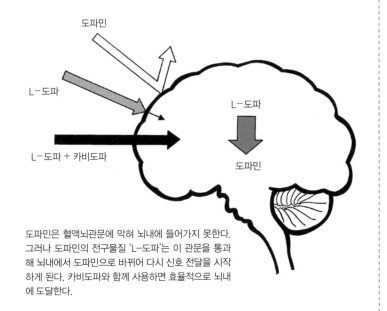

도파민은 혈액뇌관문에 막혀 뇌내에 들어가지 못한다. 그러나 도파민의 전구물질 'L-도파'는 이 관문을 통과해 뇌내에서 도파민으로 바뀌어 다시 신호 전달을 시작하게 된다. 카비도파와 함께 사용하면 효율적으로 뇌내에 도달한다.

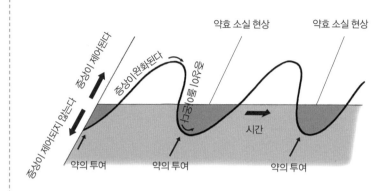

약효 소실 현상

약효 소실 현상

증상이 제어된다

증상이 제어되지 않는다

증상이 완화된다

증상이 악화된다

시간

약의 투여

약의 투여

약의 투여

L-도파를 장기간 투여하면 약효의 지속시간이 점점 짧아져 다시 약물을 투여하기 전에 증상이 나타나는 '약효 소실 현상'이 일어나게 된다.

이 같은 '약효 소실 현상' 이상으로 환자를 힘들게 만드는 것은 '온오프 현상'이다. 이것은 전등의 스위치가 켜졌다가 꺼졌다 하는 것처럼 약의 효과가 갑자기 사라졌다가 나타났다가 하는 현상을 가리킨다. 지금까지 정상적으로 걷고 말하던 환자의 온몸이 갑자기 굳어져 움직일 수 없게 되거나, 그러다 별다른 조짐 없이 다시 몸을 움직일 수 있게 되는 현상이다. 이 온오프 현상이 원인이 되어 입욕 중에 익사한 환자도 있다. 그러나 지금으로서는 이런 상태를 개선시킬 방법이 없다. 그 원인을 알 수 없기 때문이다.

그러나 L-도파의 가장 큰 문제점은 이 약을 사용한다 해도 증상이 완화될 뿐 파킨슨병 자체를 고칠 수는 없다는 점일 것이다.

파킨슨병은 뇌 흑질의 신경세포가 죽어 가는 병이다. L-도파는 이 신경세포가 사용하는 신경전달물질인 도파민을 보충함으로써 남은 신경세포가 활발하게 작용하도록 돕는다. 그러나 L-도파에 의해 증상이 가벼워지기는 하지만, 이 약이 죽은 흑질의 신경세포를 살릴 수는 없으며, 신경세포가 죽어 가는 것도 막을 수 없다. 그러므로 흑질의 신경세포가 이미 죽어 버렸다면 아무리 도파민을 보급한다 해도 아무 소용없다. 현재 파킨슨병은 불가항력적으로 진행되는 치료 불능의 병이라고 할 수 있다.

파괴된 뇌를 복구하는 희망의 치료제

지금 파킨슨병 환자의 눈앞에는 한 줄기 희망이 어른거린다. 바로 'GDNF(glial-derived neurotrophic factor)'라는 새로운 약이 등장했기 때문이다.

GDNF는 신경세포의 성장을 촉진하는 일종의 신경영양인자[*]로, 정식 명칭은 '신경아교세포계 유래 신경영양인자'라고 한다. 동물실험에서는 이 물질을 뇌에 투여하면 흑질의 신경세포가 성장한다는 사실이 밝혀졌다. 문제는 GDNF가 도파민과 마찬가지로 혈

[*] **신경영양인자**
복잡한 회로를 만들고 있는 신경세포의 성장과 복구에 필요한 물질(아미노산이 연결돼 만들어진 신경 펩티드)이다.

관 속에 투여해도 혈액뇌관문에 막혀 뇌 속으로는 들어가지 못한다는 점이다. 그래서 뇌내로 직접 보내는 방법이 고안되었는데, 바로 뇌에 가는 튜브(카테터, catheter)를 꽂고 GDNF를 넣은 펌프를 복부에 설치하는 방법이다.

영국에서 실시된 최초의 임상실험에서는 의자에서 일어나지도 못했던 환자가 약을 투여한 지 2~3개월 후에는 실내를 걸어다닐 수 있게 되었다고 한다. 그 후 미국에서 실시된 임상실험에서도 환자의 증상이 크게 호전돼 몸을 만족스럽게 움직일 수 없었던 환자가 목공일을 시작하거나 여행을 떠난 경우도 있다고 한다.

그런데 2004년 임상실험을 실시했던 제약회사 암젠(Amgen)은 갑자기 임상실험은 실패했으며, 치료를 이미 중지했다고 발표했다. 그 이유는 진짜 약을 투여한 환자와 위약(플라시보)을 투여한 환자의 증상에 뚜렷한 차이점을 발견할 수 없었다는 것이다.

누구나 경험하는 일이지만, 사람들은 의사의 진찰을 받거나 처방받은 약을 복용하면 그것만으로도 병이 한결 나아진 것 같다고 느끼는 경우가 있다. 심리적인 효과에 의해 실제로 병의 증상이 한결 가벼워지는 경우도 적지 않다. 그러므로 임상실험에서는 증상의 개선이 정말로 약의 효과 때문인지의 여부를 따지기 위해서 일부 환자에게는 단순한 영양제나 생리식염수 등과 같은 위약을 주어 진짜 약을 투여한 환자와 그 후의 변화를 비교하는 경우가 있다.

암젠사의 임상실험에서는 GDNF를 투여한 환자에게 분명 증상이 개

:: 파킨슨병 치료제의 종류

종류	주요 상품명	작용
L-도파	시네메트(sinemet)	뇌내에서 도파민으로 바뀌는 물질. 부족한 도파민을 보충한다.
항콜린제	알탄(artane), 파킨(parkin)	도파민의 감소로 상대적으로 활발해진 아세틸콜린의 작용을 억제한다.
도파민 분비촉진제	심메트렐 (symmetrel)	흑질 세포에서의 도파민 분비를 촉진한다.
도파민 수용체 작용제	팔로델(parlodel), 퍼맥스(permax)	도파민 작용제(agonist). 도파민 수용체를 자극해 도파민과 같은 효과를 낸다.
도파민 분해억제제	에프피(FP)	도파민을 다른 물질로 바꾸는 효소의 작용을 방해함으로써 도파민의 수명을 늘린다.
노르아드레날린 보충제	돕스(dops)	노르아드레날린으로 바뀌는 물질. 부족한 노르아드레날린을 보충한다.

선되고 있는 모습을 확인할 수 있었지만, 진짜 약을 준 것으로 속이고 생리식염수를 준 환자에게서도 비슷하게 증상이 완화된 모습이 나타났다고 한다.

또 암젠사는 이 약의 안전성에도 문제가 있었다고 말했다. 70마리의 원숭이 뇌 속에 이 약을 투여했더니, 4마리가 뇌에 손상을 입었다는 것이다. 그러나 임상실험이 중지되자 파킨슨병 환자들은 크게 낙담했다. 위약을 투여받은 사람들을 포함해 파킨슨병 환자들은 어쨌든 GDNF로 인해 증상이 개선되었기 때문이다. 투약이 중단된 환자의 증상은 이전 상태로 돌아가 버렸다. 환자 중 한 사람은 다음과 같이 항의했다.

"안전성이 미흡하다고 하지만, 약을 빼앗기면 우리에게는 오직 죽음만이 기다리고 있을 뿐이다."

임상실험이 중지된 후, 영국에서 이 실험을 받았던 한 남성 환자의 뇌에서 GDNF로 인해 신경세포가 자라고 있었다는 사실이 확인되었다. 심장발작으로 사망한 그의 뇌를 해부하는 과정에서, 이 같은 사실이 밝혀진 것이다. 환자들은 현재 암젠사에 약의 투여 재개를 요구하고 있으며, 소송을 건 사람들도 있다. 암젠사는 현재 대규모 수술이 필요 없는 GDNF의 투여법을 검토하고 있다고 한다.

GDNF가 파킨슨병의 치료제가 될 수 있을지 어떨지는 아직 분명하지 않다. 그러나 많은 환자들에게 이 약은 뇌 수술이라는 큰 위험도 감수할 만큼 가치 있는 유일한 희망이 되고 있는 듯하다.

PART 13

경구피임약

세계 표준에 뒤떨어진 일본 여성의
저항감과 경구피임약의 효용

경구피임약의
피임 효과에 대한
올바른 지식

경구피임약은 피임 성공률이 가장 높은 피임법

임신은 남성이나 여성 모두에게 복잡한 문제다. 어떤 때는 인간의 본
능적인 기쁨으로 임신을 간절하게 바라기도 하고, 어떤 때는 여러 가지
문제를 일으키는 두통거리로 전락하기도 한다.

모든 생물은 자손을 남기기 위한 분명한 목적을 위해 생식 행위를 한다. 수컷은 암컷의 몸속에 정자를 배출해 수정시키고, 암컷은 또 수컷의 정자에 의해 난자를 수정해, 각 개체가 자손을 남기기 위해 생식활동을 한다.

그럼에도 불구하고 사람은 어째서 종종 생식 행위의 결과로 잉태한 임신을 기피하는 걸까? 문제를 거슬러 올라가면, 사람이 생식이라는 본래의 목적과 무관하게 성행위를 빈번하게 하게 되었다는 진화론적 과거에 주목하게 된다. 즉 생식 이외의 목적으로 성행위를 하는 의미를 묻지 않을 수 없게 되는 것이다.

그러나 여기에서는 우선 사람은 생식을 목적으로 하지 않는 애정표현이나 성욕 때문에 성행위를 하는 동물이며, 그로 인한 원치 않는 결과로서 종종 임신하게 된다는 피할 수 없는 현실에서 출발하기로 하자.

일본은 세계에서도 보기 드문 낙태 대국이며, 지금도 매년 약 35만 명의 여성이 낙태 수술을 받고 있다. 그러나 이는 통계상의 숫자일 뿐이며, 통계에 드러나지 않는 건수까지 합친다면 그 수는 100만 건 이상으로 추정된다. 그리고 과거에는 연간 200만 건 이상이었던 시대가 오랫동안 이어졌다.

일본에서 이렇게 낙태가 많은 이유 중 하나는 경구피임약의 보급이 다른 나라에 비해 시기적으로 늦었기 때문이다.

일본인이 일반적으로 사용하고 있는 피임법 중 하나는 콘돔이며, 또 하나는 월경주기를 이용한 피임법(오기노식 피임법)이다. 오기노식 피임법이란 여성의 체온 변화로 임신하기 쉬운 시기(배란기)를 알아내, 그 시기

▪▪ 주요 피임법

● **콘돔**
여성용 콘돔은 남성의 발기와 상관없으며,
여성의 의사로 장착할 수 있다.

여성용　남성용

● **월경주기 이용 피임법(오기노식 피임법)**
여성 체온의 변화를 토대로 임신하기 쉬운 시기를 피해 성교를 한다.

● **경구피임약**
인공적으로 합성된 여성호르몬을 투여해 배란을 억제한다.

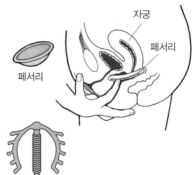

자궁

페서리

● **페서리(pessary)**
자궁 입구를 페서리로 막아　　페서리
정자가 들어오지 못하게 한다.

● **자궁 내 피임기구(IUD)**
오른쪽 그림은 구리가 들어간 IUD로,
피임 효과가 높다.　　　　IUD

● **불임수술**
난관이나 정관을 묶거나 절단한다.　　　정관을 자르고
(그림은 남성의 경우)　　　　　　　잘린 부분을
　　　　　　　　　　　　　　　　묶는다

를 피해 성행위를 하는 피임법이다. 또 최근에는 피임법에도 없는 질외사정을 통해 임신을 피하려는 남녀가 크게 늘고 있다.

그러나 피임 실패율이 높은 것으로 알려진 질외사정뿐 아니라 콘돔이나 오기노식 피임법도 남성의 협조가 절대적으로 필요하며, 이들 방법 역시 확실한 피임법은 될 수 없다.

콘돔은 실제로 10% 정도, 월경주기를 이용한 피임법은 20%라는 높은 확률로 피임에 실패한다고 보고되었다. 미국의 어느 대학에서 실시한 조사에서는 콘돔은 질외사정보다 피임 실패율이 조금 낮은 정도라는 결과가 나왔다.

이에 반해 경구피임약은 주체가 여성이며, 간단히 할 수 있을 뿐 아니라 피임 성공률도 다른 어떤 방법보다 높다는 사실이 밝혀졌다. 그러나 성교를 그다지 하지 않는 여성에게는 성가실 뿐 아니라 별 의미가 없을지도 모른다. 경구피임약은 어느 정도 빈번하게 성교를 하는 여성

■■ 피임 실패율

피임법	실패율 (피임을 1년간 계속했을 때의 임신율)
경구피임약	1~2%
남성용 콘돔 (라텍스/폴리우레탄)	11%*
여성용 콘돔	21%
자궁 내 피임기구 (IUD)	1% 미만
월경주기 이용 피임법	20%

* 6개월간 조사 결과
자료 : 미국식품의약국 (2003년)

의 피임법으로 적절하다고 볼 수 있다.

경구피임약은 구미에서 1960년대부터 널리 보급되었으며, 미국에서는 낙태가 허락되지 않는 가톨릭교도의 여성 80%가 이용하고 있다.

최근에는 거대한 인구를 거느리고 있는 중국에서도 경구피임약이 가장 일반적인 피임법이 되었으며, 세계적으로는 현재 1억 명 이상의 여성이 피임을 위해 경구피임약을 사용하고 있다.

일본은 경구피임약이 오랫동안 승인을 받지 못했다는 점에서 세계에서도 보기 드문 경구피임약 후진국이며, 1999년이 되어서야 겨우 최초의 약이 후생성(현 후생노동성)에 의해 허가를 받았다. 그때까지는 병 치료를 목적으로 사용되는 다른 약이 경구피임약 대용으로 이용되었다.

여성호르몬 작용을 이용해 임신을 막는 경구피임약

경구피임약은 40년의 역사*를 지니고 있으며, 현재 안전성이 높은 피임법으로 전 세계적으로 널리 인정받고 있다. 그러나 일본 여성 중에는 아직까지도 경구피임약에 대해 막연한 불안감을 갖고 있는 사람들이 적지 않다. 이와 같은 불안감을 불식하기 위해서는 우선 여성의 생식기와 임신의 원리, 그리고 경구피임약의 피임 효과에 대한 정확한 지식을 갖출 필요가 있다.

*
1960년대에 등장한 이래 여러 번 개량되었으며, 80년대에는 강한 작용이 있는 황체호르몬을 사용해 함유량을 줄인 제3세대 경구피임약이 보급되었다. 현재는 제4세대 약이 등장했다.

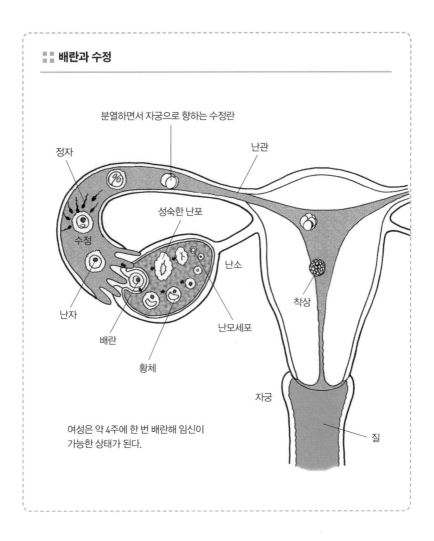

:: 배란과 수정

분열하면서 자궁으로 향하는 수정란

정자

난관

성숙한 난포

수정

난소

난자

착상

배란

난모세포

황체

자궁

질

여성은 약 4주에 한 번 배란해 임신이
가능한 상태가 된다.

여성 생식기의 주역은 엄지손가락 크기만한 2개의 난소와 주먹만한 자궁이다. 난소에는 보통 많은 난자들이 있다. 이들 난자는 난포라고 하는 막에 둘러싸여 있으며, 그 난포를 만들고 있는 세포는 여성호르몬*의 일

＊여성호르몬
평생 동안 분비되지만, 사춘기에서 30대 중반까지 분비량이 가장 많고 그 이후에는 점차 감소한다.

종인 에스트로겐(난포호르몬)을 분비한다.

난소 안에서는 약 4주마다 에스트로겐의 작용에 의해 한 개의 난자만 성장해 난포를 찢고 난소 밖으로 나온다(배란). 이 난자가 난관을 거쳐 자궁으로 이동하는 도중에 정자와 만나면 수정해 임신하게 된다. 그동안 자궁도 수정란을 착상시킬 준비를 한다. 난포가 분비하는 에스트로겐의 작용으로 자궁 안쪽을 덮는 점막(자궁내막)이 두터워지는 것이다. 점막의 내부에서는 무수한 모세혈관과 분비선이 뻗어 수정란이 오기를 기다린다.

배란 후 난소에 남겨졌던 난포는 황체가 되고, 이것이 프로게스테론(황체호르몬)과 에스트로겐을 분비한다. 그러나 대개는 수정도 착상도 일어나지 않으므로 쓸모 없어진 황체는 파괴된다.

그 결과, 자궁으로 들어가는 프로게스테론과 에스트로겐의 공급이 끊기므로 자궁내막의 혈관이 수축되고 점막 조직은 죽는다. 이렇게 죽은 자궁내막은 자궁벽에서 벗겨져 떨어지고 혈액과 함께 질을 거쳐 몸 밖으로 배출된다. 이것이 월경 또는 생리라고 부르는 현상이다. 성숙한 여성의 몸에서 거의 4주마다 한 번씩 반복되는 이러한 생리적 과정은 지금 살펴본 것처럼 프로게스테론과 에스트로겐이라는 두 종류의 여성호르몬의 작용에 의해 이루어진다. 경구피임약은 바로 이들 호르몬의 작용을 잘 이용해 임신을 막는 약이다.

13-2
경구피임약

'먹는 피임약'이
여성의 삶을
바꿨다

미국의 사회적 배경에서 탄생한 경구피임약

1950년대에 경구피임약이 탄생하게 된 배경에는 마거릿 생어
(Margaret Sanger)라는 미국 간호사가 지대한 영향을 미쳤다. 그녀는 타
임지가 선정한 '20세기에 가장 영향력 있는 100인'에 선정된 동시에,
'인종차별 사상에 의해 산아제한을 강행한 여성'이라는 혹평을 받은

마거릿 생어(왼쪽)와 그레고리 핑커스 박사.

정치적 배경을 가진 인물이다.

아일랜드계 이민노동자 가정에서 태어난 생어는 임신이라는 숙명을 등에 업은 여성의 비극을 직접 눈으로 보면서 성장했다. 그녀의 어머니는 18번 임신해 11명의 자녀를 두었으며, 잦은 임신으로 건강을 해친 나머지 생을 마감했기 때문이다. 간호사가 된 생어는 어머니와 비슷한 처지에 있는 많은 여성들을 접하면서 여성의 건강과 자립을 위해서는 반드시 산아제한을 해야 한다는 신념을 갖게 되었다.

지금도 미국에서는 피임이나 낙태에 대한 찬반이 중요한 정치적 사안이며, 대통령 선거나 최고재판소 판사의 선임 시 의회나 매스컴에서도 후보자가 낙태에 찬성하는지 여부를 가장 큰 관심사로 다룬다. 이는 미국 시민 중 다수를 차지하는 가톨릭교도가 '낙태는 살인'이라는 입장을 취하고 있기 때문이다.

1951년 생어는 그레고리 굿윈 핑커스라는 생물학자를 만나, '먹는 피임약'의 개발을 타진한다. 당시 핑커스 박사는 세계에서 최초로 동물 인공수정에 성공해 '프랑켄슈타인 박사'라는 비난을 받으며 하버드 대학에서 쫓겨난 처지였다.

생어의 요청과 여성 자산가 캐서린 매코믹(Katherine McCormick)의 막대한 자금을 후원받은 핑커스 박사는 중국계 생물학자 M. C. 챈과 함께 경구피임약 연구를 시작했다.

그 당시 이미 프로게스테론이 토끼의 임신을 막는다는 사실이 알려져 있었으므로, 핑커스 박사 연구팀은 여성의 몸속에 프로게스테론을 필요 이상 투여하면 몸이 이미 임신하고 있다고 착각을 해 임신이 되지 않을 것이라고 생각했다. 그래서 그 무렵 이미 합성에 성공한 인공 호

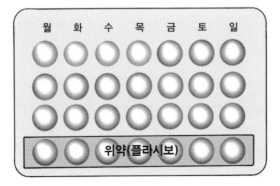

⠿ 경구피임약의 복용법

저용량 경구피임약은 28일 주기로 복용한다. 일반적으로 월경 첫날부터 21일간 계속해서 복용하고 그 후 7일간 복용하지 않든가, 약 먹는 습관을 유지하기 위해 효과가 없는 위약을 복용한다. 이 약을 먹지 않는 기간 중에 월경이 시작된다. 경구피임약은 월경주기를 안정시키기 때문에 여행이나 업무상 스케줄을 위해 월경 시작일을 조정할수 있다. 약을 복용하지 않는 기간 중에 경구피임약을 계속 먹게 되면 그 날수(며칠 이내)만큼 월경의 시작을 늦출 수 있다.

르몬 중 하나를 경구피임약으로 사용해 그 효과를 확인하기로 했다. 그리고 1956년 중미의 섬나라 푸에르토리코에서 프로게스테론 성분의 경구피임약에 대한 세계 최초의 임상실험이 실시돼, 참가한 여성 전원이 피임에 성공을 거두었다. 그 후 곧바로 에스트로겐을 배합한 경구피임약도 완성돼, 1960년에는 미국식품의약국(FDA)이 이 약을 세계 최초의 피임약으로 승인했다.

에스트로겐 양에 따라 구분되는 3종류의 경구피임약

그 후 경구피임약은 순식간에 미국 여성들에게 보급되었지만, 얼마 지나지 않아 문제점이 나타났다. 경구피임약을 복용하는 많은 여성들이 뇌졸중이나 심장장애를 일으켰고, 사망하는 여성마저 나타났다. 조사 결과, 처음 만들어진 피임약에는 피임에 필요한 양의 4~10배나 되는 호르몬이 들어 있었다는 사실이 밝혀졌다.

＊ 저용량 피임약의 종류
일상성과 다상성(이상성, 삼상성)의 2종류로 나눈다. 일상성의 경우는 한 종류, 다상성의 경우는 2~3종류의 약을 21일간 복용한다. 다상성의 성분은 일상성과 같지만, 여성의 호르몬 분비 주기에 맞춰 성분 비율이 조금씩 다르다(일본에서는 일상성과 삼상성만 사용한다).

이와 같은 경험을 토대로 그 후 경구피임약에 들어가는 호르몬의 양을 대폭 줄였다. 1970년대 이후에 등장한 피임용 약은 모두 '저용량 피임약＊'으로, 부작용이 대폭 완화돼 안전성도 높아졌다.

경구피임약의 성분은 인공적으로 합성된 프로게스테론(프로게스트겐)과 에스트로겐을 조합한 것이다.

저용량이란 원래 약 속의 호르몬 양을 필요한 만큼, 즉 최소한도로 억제했다는 의미지만, 현재는 에스트로겐의 양의 차이로 고용량, 중용량, 저용량으로 나눌 수 있다. 이들 중 피임용은 저용량 경구피임약이며, 중용량과 고용량은 부인과 질병 치료용으로 사용된다.

경구피임약을 복용하면 프로게스트겐과 에스트로겐이 혈액 속에 흘러들어 가 그 신호가 뇌로 전달된다. 그러면 뇌는 난소가 충분한 양의 여성호르몬을 분비하고 있다고 착각해 난소에 여성호르몬의 분비 명령을 내리지 않는다. 배란은 난소에서 프로게스테론이 급격하게 분비되면서 일어나므로, 경구피임약에 의해 혈액 속에 프로게스트겐이 존재하면 배란은 일어나지 않게 된다.

만일 배란이 일어난다 해도 경구피임약의 또 다른 작용이 임신을 막는다. 그중 하나는 프로게스트겐에 의해 자궁목에서 분비되는 점액에 끈기가 보다 많아지도록 만드는 작용이다. 그 결과, 아무리 질 내에 정자가 방출되어도 정자는 자궁목을 통해 자궁으로 들어갈 수가 없다. 또 하나는 자궁내막의 증식을 어느 정도 억제하는 작용이다. 자궁내막이 충분히 두텁지 않으면 아무리 난자와 정자가 결합해 수정란이 되어도 자궁내막에 착상하지 못한다. 즉 경구피임약은 ① 배란을 억제하고, ② 자궁 속으로 정자가 진입하는 것을 방해하며, ③ 수정란의 착상을 막는다는 3가지 작용을 통해 임신을 피할 수 있게 만든다.

경구피임약은 복용을 중단하면 몸이 임신할 수 있는 상태로 되돌아

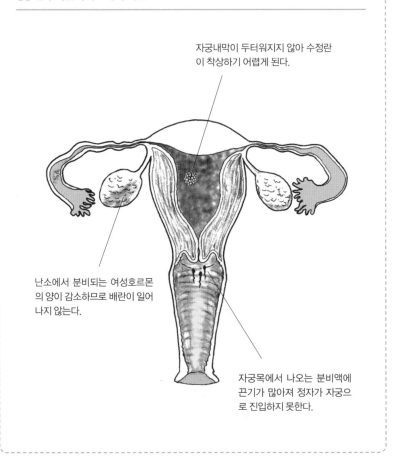

:: 경구피임약의 3가지 작용

자궁내막이 두터워지지 않아 수정란이 착상하기 어렵게 된다.

난소에서 분비되는 여성호르몬의 양이 감소하므로 배란이 일어나지 않는다.

자궁목에서 나오는 분비액에 끈기가 많아져 정자가 자궁으로 진입하지 못한다.

온다. 복용을 그만둔 후 늦어도 3개월 이내에는 배란을 동반한 월경이 시작된다. 또 경구피임약 복용 후에 임신할 경우에는 사산될 확률이 줄어든다는 사실도 알려졌다. 드물게 배란이 일어나지 않는 경우(폐경)도 있지만, 이는 경구피임약을 복용하지 않아도 거의 비슷한 확률로 일어나기 때문에 경구피임약의 영향은 아니라고 보고 있다.

참고로, 최근 피임용이 아닌 고용량 경구피임약이 '모닝 애프터 필 (morning after pill)'이라는 이름의 사후 피임약으로 사용되는 경우가 있다. 이것은 응급 피임용, 즉 여성이 원치 않는 특수한 상황에서 질 내에 사정되었을 경우에 임신을 막기 위한 수단이다.

경구피임약을 꺼리는 일본의 특수한 사정

일본에서 경구피임약의 보급이 늦어진 데는 과거 콘돔 제조업체나 산부인과 의사가 경구피임약의 부작용을 과장되게 강조함으로써 여성들에게 경구피임약에 대한 불신감을 심어주었기 때문이라는 지적이 있다. 또 경구피임약이 보급되면 무분별한 성관계가 늘어나 성감염증*이 증가할 것이라고 경고하는 이들도 많았다. 하지만 실제로 경구피임약이 널리 보급돼 있는 유럽에서는 1980년대 이후 성감염증이 감소하고 있다. 따라서 일본에서 제기된 이 같은 주장의 근거는 다분히 의심스럽다고 말하지 않을 수 없다.

물론 경구피임약에도 다른 약들과 마찬가지로 부작용이 있다. 여성에 따라서는 복용을 시작한 지 1주일~1개월이 지나면 몸속의 호르몬 균형이 바뀌기 때문에 얼굴이나 팔다리에 부종이 나타나

＊ 성감염증
일종의 바이러스나 세균, 기생충 등의 감염에 의해 발생하는 병으로, 매독, 임질, 첨형 콘딜롬, 성기 헤르페스, 에이즈 등이 있다.

고, 구역질이나 유방의 통증이 생기거나, 월경기간 이외에 출혈이 보이는 경우가 있다. 그러나 이런 증상들은 길어도 3개월 이내에는 사라진다고 한다.

일반적으로 경구피임약의 부작용으로 가장 문제가 되고 있는 것은 혈전증이다. 혈전증은 에스트로겐의 작용에 의해 정맥의 혈액이 굳기 쉬워지고 혈전이 생길 가능성이 높아지는 질환이다. 몸의 어딘가에서 생긴 혈전이 심장이나 뇌의 혈관을 막으면 심근경색이나 뇌경색을 초래할 가능성이 있다.

암도 지금까지 경구피임약의 부작용과 관련돼 논란을 불러일으켰다. 특히 경구피임약을 복용하면 유방암의 발병률이 높아진다는 지적은 후생노동성의 '경구피임약의 안전성에 대한 종합보고'에서도 찾아볼 수 있다. 그러나 국제적으로 경구피임약과 유방암 발병률의 관계에 대한 평가는 아직 확실하지 않다. 이전에는 암 발병률이 1.2배가 된다는 보고도 있었지만, 최근 보고에서는 경구피임약과 유방암 발병과는 관련이 없다고 보고 있다.

또한 자궁경부암도 최근의 임상실험에서는 경구피임약의 영향이 없다고 보고 있다. 자궁경부암의 발병률이 경구피임약의 사용으로 높아지는 것처럼 보이는 것은 경구피임약 복용자들 대부분이 콘돔을 사용하지 않고 성교하는 데 원인이 있다고 한다. 성기를 직접 접촉함으로써 자궁경부암의 원인이 되는 바이러스에 감염되기 쉽기 때문이다.

한편, 경구피임약은 난소암이나 자궁체암(자궁내막암)의 발병률을 낮

춘다고 한다. 특히 난소암의 경우, 경구피임약을 5년 이상 복용한 여성에게서는 난소암 발병률이 50%로 저하된다는 보고가 있다.

경구피임약에는 피임 이외에도 월경이 규칙적이 되고 생리통이 완화되는 등 많은 여성들에게 득이 되는 다양한 기능이 있지만, 경구피임약을 복용해서는 안 되는 여성도 있다. 예를 들어, 흡연자, 고혈압인 여성, 여성호르몬에 의해 성장이 촉진되는 유방암이나 자궁암 환자 등이다.

일본에 지금도 경구피임약에 대한 저항감이 남아 있는 또 다른 이유에는 후생노동성의 가이드라인 때문이라는 점을 부정할 수 없다. 경구피임약을 복용하는 여성에게 의사의 처방이나 정기검진을 의무화하고 있기 때문이다. 또 국제적 기준에서는 문제가 되지 않는 자궁근종 등의

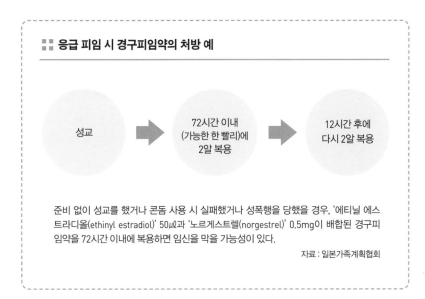

⚏ 응급 피임 시 경구피임약의 처방 예

성교 ➡ 72시간 이내 (가능한 한 빨리)에 2알 복용 ➡ 12시간 후에 다시 2알 복용

준비 없이 성교를 했거나 콘돔 사용 시 실패했거나 성폭행을 당했을 경우, '에티닐 에스트라디올(ethinyl estradiol)' 50㎕과 '노르게스트렐(norgestrel)' 0.5mg이 배합된 경구피임약을 72시간 이내에 복용하면 임신을 막을 가능성이 있다.

자료 : 일본가족계획협회

환자에게도 경구피임약의 사용을 금지하고 있다.

다른 많은 나라에서는 문진이나 혈압 측정만으로 경구피임약이 처방되고, 약국에서 구입할 수 있는 나라도 있다는 사실을 고려한다면 일본의 상황은 매우 특수하다고 볼 수 있다.

PART 14
모르핀

암환자를 견디기 힘든 통증에서
해방시키는 최고의 진통제

마약에서 '신의 약'으로 탈바꿈한 모르핀

불법 유통되고 있는 마약, 의약품도 마약으로 유통

일본에서는 현재 마약 소지 및 판매 용의로 1년에 2만 건의 검거가 이루어지고 있다. 체포자·검거자의 대부분은 소위 조직폭력단 조직원 이지만, 최근에는 고교생이나 대학생 같은 젊은이에서 일반 시민까지 확대되고 있는 실정이다.

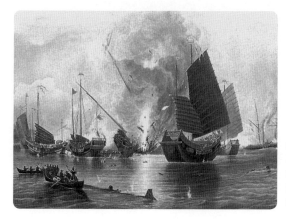

아편이나 모르핀은 오랜 옛날부터 인간 사회에서 사용돼 왔으나 부정적인 측면도 갖고 있다. 그림은 중국(청나라)과 영국 간에 벌어진 아편전쟁의 모습.

이와 같은 상황이 벌어지게 된 배경에는 이전과 비교해 훨씬 손쉽게 마약을 구할 수 있게 되었다는 점을 들 수 있다. 인터넷에는 마약을 판매하는 사이트가 널려 있다. '불법약물은 엄금합니다'와 '불법약물의 안전한 사용법' 등과 같은 표현을 섞어 쓰고 있는 사이트가 바로 그것이다.

이런 불법약물 중 누구나 손쉽게 넣을 수 있는 것은 각성제와 대마다. 그러나 그 밖에도 코카인이나 헤로인, 엑스터시나 폭시 등의 '합성마약', 최근까지 규제 대상에서 제외되었던 매직 머쉬룸(환각성 버섯의 일종), 다이어트 식품으로 판매되고 있었던 에페드라(마황) 등도 위험성이 제대로 인식되지 않은 채 마구 유통되고 있다.

의약품도 종종 마약으로 유통된다. 마취제나 진통제, 수면제에 최근에는 리탈린(ritalin, 성분은 수면장애나 주의력결핍 과다행동장애에 사용되는 메틸페니데이트)까지 불법 거래되고 있다. 일본에서는 의약품을 쉽게 구할 수 있는 위치에 있고 스트레스가 많은 마취 의사의 약물 의존증이나 약물 과잉 섭취로 인한 사고사가 종종 문제가 된 적이 있지만, 미국에서는 일반인들도 종종 진통제나 리탈린 의존증에 빠지는 일이 많아 드라마의 소재가 될 정도다.

마약에는 공통된 특성이 있다. 바로 뇌의 신경세포인 뉴런에 작용해 약물 없이는 정신적으로 견딜 수 없는 상태, 즉 의존 상태(중독)를 초래한다는 점이다. 그런데 수많은 마약들 중에서 마약으로 이용되지 않는 특이한 물질이 있는데, 그것이 바로 모르핀이다.

모르핀, 통증을 없애주는 '신의 약'

모르핀은 진통제로서 특히 말기 암환자에게는 없어서는 안 되는 약이며, 의사의 지시대로 사용한다면 중독될 위험성이 거의 없다고 한다.

모르핀의 재료가 되는 양귀비 열매.

그러나 모르핀도 과거에는 마약으로 사용되었던 역사가 있었다. 게다가 모르핀의 원재료인 아편의 역사는 매우 오래되었다. 기원전 3,000~4,000년 무렵 지금의 중동 지역에서 최고의 문명을 이뤘던 슈멜인들은 이미 아편의 존재를 알고 있었다. 그들이 남긴 점토판에는 양귀비를 재배하고,

새벽에 껍질을 벗기지 않은 양귀비 열매의 흰 즙(아편)을 채취해 '기쁨을 가져다주는 물질'로 이용했다고 기록되어 있다. 고대의 이집트나 그리스에서도 아편은 통증을 억제하거나 수면을 유도하는 약으로 중시되었다.

이처럼 오랜 옛날부터 사람들에게 줄곧 이용되어 왔던 아편은 서양에서는 19세기 말까지 일반 시민들에게도 이용되었다. 영국에서는 진정 작용이 있는 아편을 어머니가 일하러 나갈 수 있도록 유아한테까지 주었다. 영국의 저명한 시인이자 평론가인 새뮤얼 콜리지(Samuel Taylor Coleridge)는 아편을 복용하면서 환상적인 시 〈쿠빌라이 칸(Kublai Khan)〉을 지었다고 한다. 이 시는 완성되지 못했는데, 이는 그가 시를 짓는 와중에 방문자가 찾아와서 짧은 순간 중단되어 아편에 의한 시의 구상이 무산되었기 때문이라고 한다.

19세기 중국은 영국이 중국에 수출하는 아편이 중국 사회를 좀먹고 아편 중독자를 양성한다는 위험성을 깨닫고 아편 수입을 저지하려 했다. 그러나 이는 영국과의 마찰을 불러일으켜 아편전쟁으로 발전했으며, 아편전쟁에서 진 중국은 홍콩을 빼앗기는 역사적 굴욕을 당하게 된다.

같은 무렵, 독일의 한 약제사가 아편에서 크림색의 결정을 만들어내고, 이것이 진정 작용과 다행감(多幸感)을 가져다준다는 사실을 밝혀냈다. 그는 이 물질에 그리스 신화에 나오는 꿈의 신 모르페우스(Morpheus)의 이름을 따서 '모르핀'이라고 이름 붙였다. 그 후 얼마 지나

＊ 아편정기
아편을 알코올로 용해시킨 액제
로 설사제나 진통제로 사용된다.
17세기 후반에 영국인 의사 토머
스 시드넘(Thomas Sydenham)이
처음으로 의료에 이용했다.

지 않아 모르핀은 의료 현장에서 가장 중요한 약이 되었고, 통증을 즉시 없애는 효과로 '신의 약'이라고 불리게 되었다.

그러나 미국의 남북전쟁(1861~1865년)은 모르핀과 아편의 부정적인 측면을 여실히 드러내는 계기가 되었다. 남북전쟁 중에 중상을 입은 병사들에게는 진통제로 모르핀과 아편정기＊가 사용되었는데, 남군은 이 기간 동안 80톤이나 되는 아편과 모르핀 제제, 1,000만 개의 정제를 소비했다고 한다. 모르핀은 부상으로 인한 통증을 누그러뜨려 병사들에게 행복감과 안도감을 주었다. 그러나 전쟁이 끝났을 때 그들 대부분은 군대병, 즉 모르핀 중독이 돼버렸다. 미국에서 의료 이외의 목적으로 이들 물질의 사용이 금지된 것은 20세기에 들어서였다.

14-2

모르핀

모르핀 중독에
걸리지 않는
이유

통증을 완화시키는 '내재성 모르핀'

현재 전 세계에서는 해마다 230톤 이상의 모르핀이 의료용으로 사용되고 있으며, 일본에서도 1톤 내외가 소비되고 있다. 모르핀의 최대 용도는 암으로 인한 통증 치료다. 모르핀은 암환자가 견디기 힘든 통증으로 고통스러워할 때 최선의 진통제다.

우리가 통증을 느끼는 이유는 몸의 어딘가에 공격적인 자극이 가해졌을 때 그 자극신호가 신경에서 척수로 보내져 뇌에 전달되고, 대뇌피질이 이를 통증으로 해석하기 때문이다. 통증은 위험을 경고하는 메시지로 중요한 의미를 가지며, 우리는 통증을 지각함으로써 몸에 닥친 위험을 알아차릴 수 있다. 그러나 통증이 오랫동안 지속되면 위험의 경고 수준을 넘어서서 견디기 힘든 고통으로 바뀐다. 모르핀은 뇌가 통증을 느끼지 못하도록 함으로써 고통을 누그러뜨리는 성질을 지니고 있다.

뇌나 척수의 세포는 원래 모르핀과 유사한 물질, 소위 '내재성 모르핀(뇌내 모르핀)'을 신경전달물질로 이용하고 있으며, 이 물질과 결합하는 분자(수용체)를 갖고 있다. 그와 같은 내재성 모르핀으로서 지금까지 베타엔도르핀이나 엔케팔린 등 몇 개의 물질들이 발견되었다.

모르핀은 먼저 척수의 신경세포에 직접 작용해 통증 신호를 약하게 만든다. 그 결과, 신호가 뇌에 도달하기 어렵게 된다. 이와 동시에 뇌의 안쪽에 있는 중뇌나 연수에 작용해 통증을 억제하는 신경계의 작용을 강화시킨다.

통증은 고통이며, 특히 통증이 오래 지속되면 점차 견디기 힘들어진다. 그래서 뇌는 통증 신호를 알아채면 이를 약화시키려고 스스로 내재성 모르핀을 분비해 통증을 쉽게 느끼지 못하게 만든다.

내재성 모르핀은 통증이 생겼을 때뿐만 아니라 강한 스트레스를 받았을 때도 분비되는데, 이때 부신피질자극호르몬(스트레스 호르몬)도 함께 분비된다. 예를 들어, 작은 동물이 큰 포식동물에게 공격을 당해 상

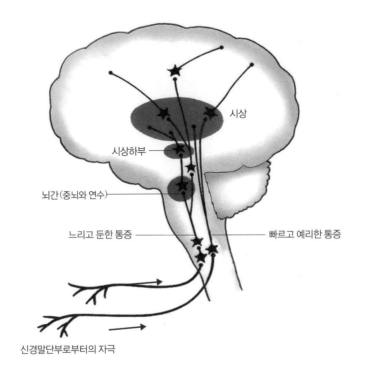

시상

시상하부

뇌간(중뇌와 연수)

느리고 둔한 통증

빠르고 예리한 통증

신경말단부로부터의 자극

몸이 받은 자극(통증)은 말초신경에서 척수로, 그리고 대뇌로 보내져 통증을 느끼게 된다. 예리한 통증과 둔한 통증은 전달 경로가 각각 다르다.

처를 입고 통증으로 쓰러진다면 순식간에 포식동물의 먹이가 되기 쉽다. 그러나 그런 상황에서 공격받은 작은 동물의 뇌내에는 곧바로 내재성 모르핀이 분비돼 통증을 일시적으로 누그러뜨리고, 동시에 스트레스 호르몬이 혈압을 상승시켜 대사를 활발하게 함으로써 위협에서 도망칠 수 있도록 해준다.

이와 같은 원리는 여성의 출산 시에도 작용한다. 임신 중에는 내재성 모르핀의 분비량이 늘어나는데, 이는 출산할 때 산도(産道)의 강한 통증을 완화시키기 위한 것으로 보인다.

그런데 모르핀이나 내재성 모르핀도 남용하면 의존증을 일으킨다. 모르핀의 이 같은 성질은 동물실험을 통해서도 쉽게 알 수 있다. 간단한 실험장치에 실험 쥐를 넣고 쥐가 레버를 누르면 모르핀이 혈관에 주입되도록 한다. 그러면 쥐는 약이 주는 쾌감에 사로잡혀 몇 백 번이나 레버를 반복해서 누르게 된다.

마약이나 내재성 모르핀은 뇌의 '보상계(reward system, 자극을 받으면 쾌감을 얻을 수 있는 뇌의 부분)'라고 하는 영역을 활성화시킨다고 보고 있다. 보상계는 우리가 좋아하는 음식이나 음료, 성교 등 기본적 욕구를 만족시키는 것을 손에 넣었을 때, 만족감과 달성감을 주는 영역이다. 마라톤 주자나 조깅 애호가들이 느끼는, 장시간 달리면 기분이 좋아지는 '러너스 하이(runner's high)'도 내재성 모르핀의 일종인 베타엔도르핀이 대량 분비되기 때문이라고 한다.

보상계는 중뇌에서 발생해 대뇌의 중심 부근의 측좌핵(側坐核)이라는 직경 2mm 정도의 작은 부위에 도달하는 신호의 경로다. 이 경로의 시작 지점에 모르핀이 작용하면 측좌핵의 부근에서 도파민, 다른 이름으로는 쾌락물질이 분비돼 기분이 좋아진다. 그리고 보상계의 활성화를 경험한 사람이나 동물은 앞에서 예를 든 실험 쥐처럼 같은 자극을 계속해서 구하게 된다. 모르핀과 같은 마약은 특히 그 자극이 강렬하기 때문에, 일단 맛을 알게 된 보상계는 이를 구하지 않고는 못 견디게 된다. 이렇게 약물에 대한 의존 증상이 형성된다.

의존증이 생기는 한 가지 요인은 그 물질을 중단했을 때의 부작용 때문이다. 모르핀과 같은 마약은 보상계를 자극할 뿐 아니라 신경전달물질인 노르아드레날린의 작용을 방해한다. 노르아드레날린은 불안감을 낳기 때문에 약물 의존증 환자는 마약이 효력을 발휘하는 동안에는

⠿ 모르핀의 의존증

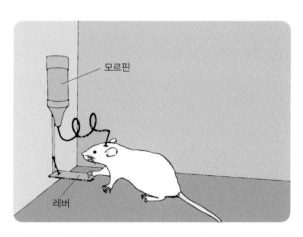

레버를 누를 때마다 모르핀이 주입되도록 장치하면 실험 쥐는 한번 느낀 쾌감을 다시 느끼기 위해 레버를 계속해서 누른다.

불안감을 느끼지 않지만, 약효가 떨어지면 돌연 심한 불안감에 휩싸여 한층 더 강하게 약물을 원하게 된다.

뇌는 모르핀에 의존하면서 이를 통제한다

그러나 만성적 통증을 안고 있는 암환자들의 경우는 의사의 지시에 따라 사용하는 한 모르핀 의존증에 걸리지 않는다. 미국의 한 연구에서는 모르핀에 의한 동통 치료를 받은 1만 2,000명의 환자들 중 의존증에 걸린 사람은 4명, 그것도 원래 약물 의존증의 전력을 갖고 있던 환자였다고 한다.

참고로, 약물 의존증에는 정신적 의존 외에 육체적 의존도 있다. 이것은 약효가 떨어지면 몸의 신진대사 등이 원활하게 이루어지지 않는 증상으로, 퇴약(退藥) 증후라든가 이탈 증상이라고 부른다. 소위 금단 증상이다. 강한 통증을 겪고 있는 환자는 모르핀을 사용해도 정신적 의존 증상은 생기지 않지만, 발한, 눈물, 설사, 호흡 이상 등과 같은 육체적 의존 증상이 나타나는 경우가 있다. 그러나 이런 증상은 약을 서서히 줄이면 사라진다.

그렇다면 만성적 통증으로 고통을 겪는 환자가 진통을 위해 모르핀을 사용해도 정신적 의존이 되지 않는 이유는 뭘까?

그 이유로는 두 가지를 생각할 수 있다. 하나는 진통에 필요한 모르

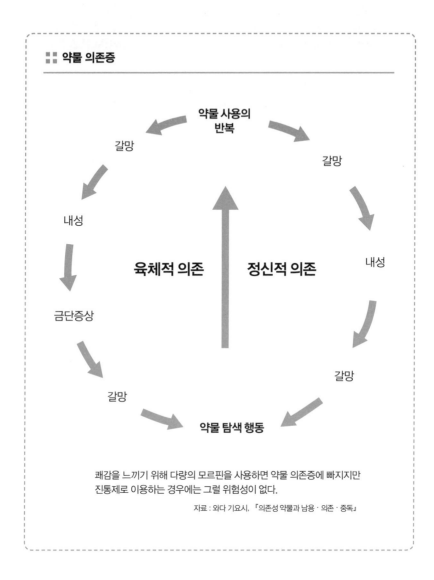

약물 의존증

약물 사용의
반복

갈망

갈망

내성

내성

육체적 의존   정신적 의존

금단증상

갈망

갈망

약물 탐색 행동

쾌감을 느끼기 위해 다량의 모르핀을 사용하면 약물 의존증에 빠지지만
진통제로 이용하는 경우에는 그럴 위험성이 없다.

자료 : 와다 기요시, 『의존성 약물과 남용 · 의존 · 중독』

핀의 양이 다행감이나 도취감을 주는 양보다 훨씬 적기 때문이다. 만성
동통은 뇌의 내부에 원래 존재하는 내재성 모르핀만으로는 통증을 억
제할 수 없을 때 생기므로, 외부에서 모르핀을 보충하면 통증이 완화

된다. 의사는 환자의 상태를 살피고 진통에 필요한 양의 모르핀만 처방한다. 그리고 효과를 지켜보면서 지속적 또는 반복적으로 투여한다.

그런데 미국의 남북전쟁 당시에는 통증이 심한 병사에게 모르핀이 대량 투여되었다. 그 때문에 모르핀의 혈중농도가 순식간에 높아져 뇌에 도달되었고, 진통 효과뿐만 아니라 다행감도 불러일으킨 것으로 보인다. 이와 같은 과정이 되풀이됨으로써 많은 병사들이 모르핀에 탐닉하게 된 것이다.

이때의 정신적 의존에는 죽음에 직면한 전쟁터라는 극한 상황에서 받는 스트레스도 영향을 미친 것으로 보인다. 병사들은 모르핀이 일시적이지만 불안감과 공포를 없애 준다고 여겨 한층 더 모르핀에 의존하게 되었다. 1960년대 일어난 베트남 전쟁에서는 미군 병사의 40% 이상이 헤로인*을 사용했다고 한다.

동통 환자가 정신적 의존에 빠지지 않는 또 한 가지 이유는 암과 같은 지속적 통증에 시달리는 환자에게는 다행감을 주는 도파민의 분비를 방해하는 메커니즘이 작용하는 것으로 보이며, 여기에도 뇌내의 내재성 모르핀이 관여하고 있는 것으로 보인다. 내재성 모르핀과 결합하는 수용체에는 여러 종류가 있는데, 이들 중 주로 뮤 수용체(mu receptor)가 통증을 없애거나 행복감을 느끼도록 작용한다.

그런데 다른 카파 수용체(kappa receptor)는 뮤 수용체의 작용을 방해하고 도파민의 분비를 저해한

* 헤로인
모르핀에서 합성되는 약물로 신경의 활동을 억제하는 작용이 있다. 모르핀보다 독성이 강하고 의존성이 매우 높다. 오피오이드로 총칭되는 마약성 물질의 일종이다.

다. 동통 환자의 뇌에는 이 카파 수용체가 활성화되어 있어 모르핀을 사용해도 행복감이 일어나지 않는 듯하다.

즉 우리의 뇌는 절묘하게도 모르핀에 의존하는 메커니즘과 이를 억제하는 메커니즘을 모두 균형 있게 갖추고 있다는 뜻이다.

"약을 남용하면 몸에 내성이 생겨 나중에 잘 듣지 않는다"는 말을 굳게 믿고 나는 웬만하면 약을 잘 먹지 않는다. 그렇다고 타고난 건강 체질도 아니어서 늘 이런저런 작은 병들로 고생한다. 어느 날 자고 일어났더니 밤새 잠을 잘못 잔 듯 목이 잘 돌아가지 않거나 환절기가 되면 목이나 코에 알레르기 증상이 나타난다. 또 피곤하면 입술 주위가 붓기도 한다. 그래서인지 약이 어떤 메커니즘으로 병을 낮게 하는지, 그리고 약의 부작용에는 어떤 증상이 있는지 늘 궁금증을 갖고 있었다.

특히 에이즈나 알츠하이머병(노인성 치매), 우울증처럼 매스컴에 빈번히 등장하는 질병이나 해마다 찾아오는 반갑지 않은 손님인 인플루엔자도 병명은 익숙하지만 그 병에 대해서는 무지한 탓에 병의 원인이 무엇인지, 어떤 메커니즘으로 병을 치유하는지 궁금했다. 하지만 궁금증을 해소하기 위해 딱딱하고 잘 모르는 의학 용어들이 난무한 책들을 쉽게 집어들 용기는 좀처럼 나지 않았다.

그러나 이 책을 읽고 난 후 이런 궁금증들이 속 시원하게 해소되었다.

얼핏 딱딱해 보일지 모르는 병과 약에 관한 의학적 지식들을 마치 가정교사가 옆에서 차근차근 설명해 주듯 쉽고 흥미롭게 풀어가는 『약은 우리 몸에 어떤 작용을 하는가』 덕분에 정말 시간 가는 줄 모르고 독서 삼매경에 빠질 수 있었다. 새삼 "아는 것이 힘이다(scinetia est potentia)"라는 프란시스 베이컨의 말이 실감났다. 그리고 병과 약에 관해 이렇게 재미있고 친절하게 풀어 쓴 교양서가 나왔다는 사실 자체가 기쁘고, 다른 사람에게도 얘기해 주고 싶어 입이 간지러울 정도다.

이 책의 저자가 서두에서 밝힌 것처럼, 약은 건강한 생활을 영위하고 병에 걸렸을 때 가능한 한 빨리 치유하기 위해서 반드시 필요한 존재다. 하지만 약의 부작용 또한 그리 만만하게 볼 문제는 아니다. 이런 이유로 사람들은 약에 대해 막연한 불안감을 갖고 필요할 때조차도 약의 사용을 꺼려 회복이 더뎌지거나 그냥 방치했다가 증상이 악화되는 일까지 발생한다.

그러나 우리가 아플 때 먹는 약이 어떤 성분으로 구성되어 있는지, 어떤 작용으로 병을 치료하는지, 또 부작용은 무엇인지를 자세히 알게 된다면 이런 막연한 두려움을 해소할 수 있지 않을까? 옛말에도 있지 않은가. '적을 알고 나를 알면 백전백승'이라고. 건강한 삶을 영위하기 위해서 우리는 건강의 천적인 병, 그리고 그에 맞는 약과 좀 더 친해질 필요가 있을 듯하다.

_ 이동희

주요 참고 문헌

- 『CORE TEXT 신경해부학』(Core Text of Neuroanatomy), 카펜터 저, 시마이 가즈요 외 감역, 히로카와서점
- 『해부학 애틀라스』(Taschenatlas der Anatomie), 오치 준조 역, 분코도
- 『항암제 치료에 관한 모든 것을 알 수 있는 책』, 야자와 사이언스오피스 엮음, 학습연구사
- 『파킨슨병의 모든 것』, 뇌과학편집위원회 엮음, 세이와서점
- 『항생물질을 찾아서』, 우메자와 하마오 저, 분게이이순슈
- 『알기 쉬운 알츠하이머병』, 나카노 이마바리 외 편, 나가이서점
- 『뇌는 변화한다』, 라일라 B. 블랙 저, 세이도사
- 『엔도르핀』, C. F. 레빈솔 저, 치진서관
- 『의학대사전』, 난잔도

옮긴이 _ 이동희

한양대 국어국문학과 졸업. 8년간의 출판사 근무 후 일본 유학을 떠나 일본외국어
전문학교 일한통역·번역학과 졸업. 다년간의 다양한 번역 업무를 거쳐 현재 전문 번
역가로서 활동 중이다.

옮긴 책으로는 『약이 되는 독, 독이 되는 독』, 『씹을수록 건강해진다』, 『눈 질환 식생
활 개선으로 낫는다』, 『두부 한 모 경영』, 『이기적인 시간술』, 『잘되는 나를 만드는 최
고의 습관』 등이 있다.

약은 우리 몸에 어떤 작용을 하는가

개정판 1쇄 발행 ㅣ 2021년 7월 19일
개정판 4쇄 발행 ㅣ 2024년 3월 20일

지은이　ㅣ 야자와 사이언스오피스
옮긴이　ㅣ 이동희
펴낸이　ㅣ 강효림

편　집　ㅣ 이용주·민형우
디자인　ㅣ 채지연

용지　　ㅣ 한서지업(주)
인쇄　　ㅣ 한영문화사

펴낸곳　ㅣ 도서출판 전나무숲 檜林
출판등록 ㅣ 1994년 7월 15일·제10-1008호
주소　　ㅣ 10544 경기도 고양시 덕양구 으뜸로 130
　　　　　위프라임 트윈타워 810호
전화　　ㅣ 02-322-7128
팩스　　ㅣ 02-325-0944
홈페이지 ㅣ www.firforest.co.kr
이메일　ㅣ forest@firforest.co.kr

ISBN ㅣ 979-11-88544-71-4 (03470)

전나무숲 건강편지를
매일 아침, e-mail로 만나세요!

전나무숲 건강편지는 매일 아침 유익한 건강 정보를 담아 회원들의 이메일로
배달됩니다. 매일 아침 30초 투자로 하루의 건강 비타민을 톡톡히 챙기세요.
도서출판 전나무숲의 네이버 블로그에는 전나무숲 건강편지 전편이 차곡차곡
정리되어 있어 언제든 필요한 내용을 찾아볼 수 있습니다.

http://blog.naver.com/firforest

 '전나무숲 건강편지'를 메일로 받는 방법 forest@firforest.co.kr로 이름과 이메일 주소를
보내주세요. 다음 날부터 매일 아침 건강편지가 배달됩니다.

유익한 건강 정보,
이젠 쉽고 재미있게 읽으세요!

도서출판 전나무숲의 티스토리에서는 스토리텔링 방식으로 건강 정보를
제공합니다. 누구나 쉽고 재미있게 읽을 수 있도록 구성해, 읽다 보면 자연스럽게
소중한 건강 정보를 얻을 수 있습니다.

http://firforest.tistory.com

스마트폰으로 전나무숲을 만나는 방법

네이버 블로그   다음 블로그